历史是镜子

安防是保障

顾建国

中国安全防范产品行业协会理事长

原公安部网安局局长

祝賀《安防文史》出版

追溯安防历史

弘揚安防文化

辛丑秋 楊金才

杨金才

联合国科学院院士

中国公共安全杂志社社长

深圳市安全防范行业协会和无人机行业协会会长

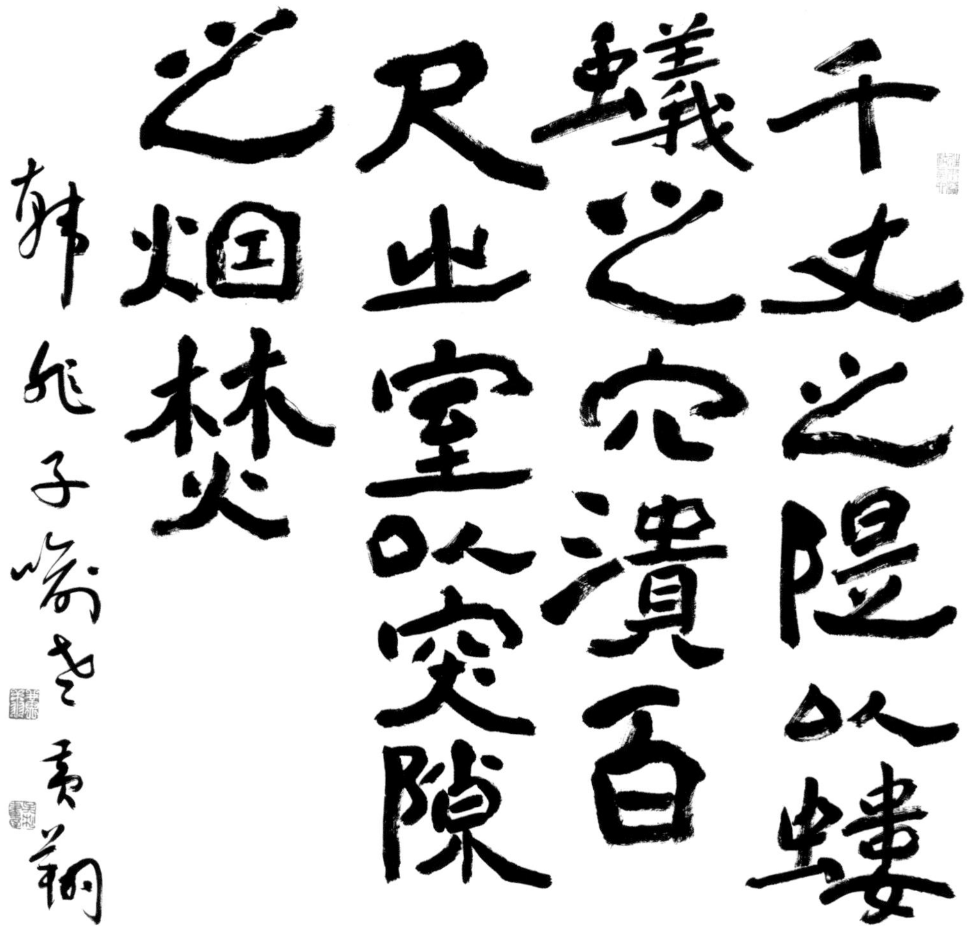

千丈之隄以螻蟻之穴潰百尺之室以突隙之烟焚

韩非子喻老 黄翔

黄 翔

一级警长

全国公安文联委员

江苏省公安书法美术协会理事

江苏省书法家协会会员

苏州市相城区书协副主席

摄影/于志江

暮色敌楼

于志江

暮色丛中掩敌楼，
沧桑世纪又临秋。
万民同盼千年愿，
日日朝阳照九州。

摄影/王家伦

相门感怀

王家伦

先贤落日看吴钩，
古邑风光韵满楼。
剑气姑苏相映衬，
千年徽誉赞雄州。

摄影/王家伦

平门城楼

王家伦

平门楼峻矗云霄，
最恨离桥一里遥。
桥上行车忙络绎，
楼前观景享逍遥。

摄影/许德昌

盘门夜登

许德昌

楼阙夜登怀伍相，
万家灯火晚吹凉。
岸边碧柳凭遗址，
风景端妍阅沧桑。

摄影/缪克强

繁华阊门

缪克强

自古阊门繁盛地，
车如流水马如龙。
当年白傅登临处，
一路灯光忆旧踪。

摄影/王家伦

胥门偶感

王家伦

故城堞下涛澎湃，
稚子门前影俐伶。
悬目伍员情独驻，
忠诚一片岂漂萍！

探寻古代安防之秘

王坤泉　主编

苏州大学出版社
Soochow University Press

图书在版编目(CIP)数据

安防文史：探寻古代安防之秘／王坤泉主编. —苏州：苏州大学出版社，2021.12
ISBN 978-7-5672-3757-5

Ⅰ.①安… Ⅱ.①王… Ⅲ.①安全史-中国-古代 Ⅳ.①X9-092

中国版本图书馆 CIP 数据核字(2021)第 263237 号

书　　名：安防文史——探寻古代安防之秘
主　　编：王坤泉
责任编辑：张　凝

出版发行：苏州大学出版社(Soochow University Press)
社　　址：苏州市十梓街 1 号　邮编：215006
网　　址：www. sudapress. com
邮　　箱：sdcbs@ suda.edu. cn
印　　装：苏州工业园区美柯乐制版印务有限责任公司
邮购热线：0512-67480030　销售热线：0512-67481020
网店地址：https：//szdxcbs. tmall. com/(天猫旗舰店)
开　　本：700 mm×1 000 mm　1/16　印张：16. 25　字数：267 千　插页：4
版　　次：2021 年 12 月第 1 版
印　　次：2021 年 12 月第 1 次印刷
书　　号：ISBN 978-7-5672-3757-5
定　　价：88. 00 元

图书若有印装错误，本社负责调换
苏州大学出版社营销部　电话：0512-67481020
苏州大学出版社网址　http：//www. sudapress. com
苏州大学出版社邮箱　sdcbs@ suda. edu. cn

编委会

序 一

张跃进

苏州市安防协会自2010年12月成立后不久，即在2011年7月首刊印发了《苏州安防》，自2015年12月起，该内刊成为每年经苏州市文广新局年检批准的内部交流资料，迄今已发行了30期。

《苏州安防》初创之际，可谓筚路蓝缕，一切都在探索学习中。大家热情高涨，群策群力，加上有才华的编辑不断来援，遂渐成气候。其采写编辑、排版设计等方面，不断创新，充满活力，栏目设置既相对固定，又不断推陈出新。来自政府部门、新闻媒体、安防企业、高等学校、科研院所、相关协会等的40多人组成了多样多元成分的编辑队伍，大家各显神通、齐心协力为《苏州安防》发挥自己的专业特长，并且积极撰稿组稿，使得内容日趋丰富，不断拓展。目前，《苏州安防》已成为苏州市安防聚智发声的重要载体，平台不仅及时传递着苏州安防企业动态发展的最强音，同时也成了苏州安防企业相互交流、相互鼓励的走秀台，发挥了独有的推动力和导向力，《苏州安防》已成为业内标杆之一，也成了国内兄弟单位间相互交流的友好使者。

2016年第1期的《苏州安防》刊载了《夜视镜》与《我们祖先的安防措施》两篇文章，“安防小说”与“安防文史”这两个栏目就此登场，并立刻受到了大家的欢迎。后来，随着有关部门对内部资料管理的日臻完善，“安防小说”栏目被取消，“安防文史”栏目改为“安防溯源”得以延续。

众人拾柴火焰高。从“安防文史”到“安防溯源”，许多编辑与作者不断地尝试着用安防的“刀子”去解剖历史文化资料，于是，一篇篇有关安防文史的文章在他们的笔下汩汩流出，在他们的键盘敲击声中欢快地产生了。如今，这个栏目已经刊出了六七十篇作品，这些文章涉及古今安防文化领域的方方面面，并且形成了跨省的作者群，在国内安防系统同类资料中凸显特色，独树一帜，引起了较大的反响，它已成为《苏州安防》的标志性栏目。

呈现在读者面前的本书是在《苏州安防》标志性栏目“安防文史”“安防溯源”有关文章中经筛选修改，结集而成的。本人作为公安战线的一名老兵，安防类的文章看得不少，包括安防企业的特色和风采、安防技术的现状和进展、安防产品的创新和应用、安防知识的科普和宣传，等等。但是，从文化和历史的角度谈安防的文章委实见得不多，可以说本书是走在国内安防文史研究前列的佳作。书中的文章涉及古今安防文化领域的方方面面，包括关隘篇、河海篇、城池篇、民宅篇、民俗篇、文化篇、语言篇以及其他 8 个栏目，计 47 篇。这其中有些内容虽时有所闻，但不少仍鲜为人知，即使是众所周知的内容，也都经过了编写人员的慎重选材、精心思考、专门提炼与特别设计。其文字隽永，语言活泼，谈古论今，深入浅出，“横看成岭侧成峰”，给人以耳目一新的感觉，给人以启迪和遐想。看完本书，不由得感慨于先人们高度的安防意识、安防智慧，同时也要点赞作者们活跃的思路和精彩的文笔。尽管这些文章长短不一、深浅不同，有的还有待进一步挖掘、推敲等，但仍属安防领域中开创性的内容，读来趣味盎然，引人深思，是值得一读的好书。特向大家推荐。

是为序。

2021 年 12 月

序 二

王　尧

我在文史哲阅读之外，虽然也偶尔涉猎其他方面，但偶然读到《安防文史》书稿之后，特别感叹即便在专题史研究领域也是如此宽广。

由古至今，“安全防范”都是社会治理中一个重要的事项，天地之间的事都关乎“安防”而无例外。安防的历史和现实，也与当下每个人的日常生活息息相关，所以，道一声“平安”成为我们的日常口语。我们在史书、小说、影视等不同文类中读到很多可以“安防”的故事，或惊天动地，或波澜不惊，可能是传奇，可能是逸闻，茶余饭后的张家长李家短甚至也涉及安防。我去国外访学，老人电话中不停叮嘱的就是注意安全；在家中，关好门窗也是每天晚上的功课；前几天去交警支队办理一个手续，在大厅等候时看到电视播放的是防范金融诈骗的短片。现在有了手机，每逢节假日收到的短信都有注意各种安全的提醒。就此而言，安防是我们日常生活中每个人的关键词。读这本《安防文史》，我首先想到的是，没有安防，可能就没有国泰民安。

《安防文史》是一本大书，通古今，涵家国，涉及社会生活的各个方面。如何切入、编排、讲述这段历史，其实是个难题。《安防文史》宏观着眼，微观落笔，既有基于大历史文化的宏达叙事，也有侧重区域防范的专题叙述，可以说纵横数千年，关涉东、西、南、北、中。全书分为关隘篇、河海篇、城池篇、民宅篇、民俗篇、文化篇、语言篇以及其他八个栏目，基本囊括了安防的主要方面。其中的“语言篇”可能是“安防文史”研究中具有创新性的部分，如果深入下去，我们会感受到“语言安全”在当下的国家安全中也有特别的意义。这八个部分，都按照专题排列，有论，有述，有图，融历史、知识、故事等于一体，深入浅出，通俗易懂。在史料选择、知识传播、故事讲述等方面都颇具匠心，显示出写作者的用心和功力。这是一本知识与趣味兼备的读物。

我从张跃进先生的序言中知道这本书是在《苏州安防》的两个栏目文章基础上整理而成的，可见苏州的安防研究已经相当成熟。本书的主编王坤泉先生是我的同事，他退休之后长期从事公益活动，关注安防领域的研究。其中的几位作者也和我一同执教，他们在中国语言文学专业之外的这些研究和写作，都显示了人文学者的社会责任感，令人敬佩。我因为喜欢这本书，也就在专业之外唠叨数语，并乐意向广大读者推荐。

2021 年 12 月

目录

03 河海篇

04 民宅篇

05 民俗篇

06 文化篇

07 语言篇

08 其他

关隘篇

古代区域安防的重要设施——关

张长霖

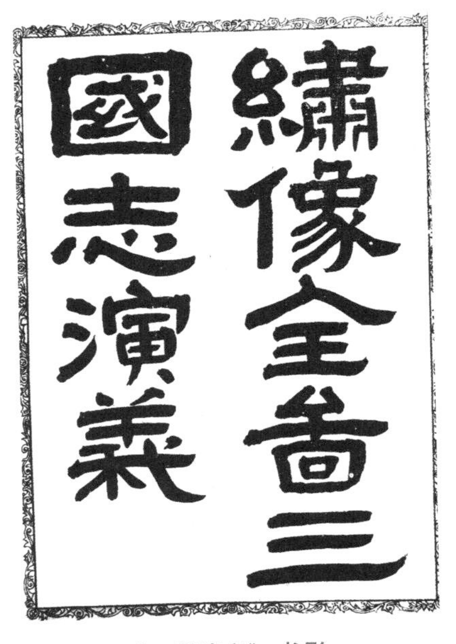

《三国演义》书影

中国传统的章回小说里常常会出现一个名词，那就是“关”，许多重要的情节往往都会环绕着关展开。如《三国演义》中有关羽汜水关温酒斩华雄，刘、关、张虎牢关“三英战吕布”，以及关羽过五关斩六将等发生在关的情节，《杨家将》的故事基本上都离不开守关和夺关，《水浒传》《说唐》《平妖传》《英烈传》无不如是，即使是神魔小说《封神榜》也离不开关，魔家四将就是虹霓关守将。

这些章回小说告诉我们，在冷兵器时代，关占有极其重要的战略地位，堪称攻防双方的命脉。

一、何谓“关”

何谓“关”？查检辞书，看繁体字的“关（關）”就是紧紧关闭着的门。“关”作为名词最基本的词义是“古代在交通险要或边境出入的地方设置的守卫处所”，相关的词语有“关口”“关隘”等。至于古人把城门附近的地区称为关，如“城关”“关厢”则是本义的引申，后来把门闩也称为关。今天的“海关”之关词义更抽象些，无非是强调其类似国门的重要性。

关，有时候是利用险要的地理环境设置的，最著名的如函谷关，它东临绝涧，南接秦岭，北塞黄河，是中国历史上建置最早的雄关要塞之一。春秋时期，秦晋之间发生的“崤之战”，正是在函谷关。老子出关的“关”就是函谷关，他在此著《道德经》五千言。古人有“一丸泥封函谷关”之说，极言其易守难攻。类似的关还有剑门关等。

另有一类关，是城墙重要地段的城堡，也就是城墙攻防体系的枢纽部分，如长城上的山海关、嘉峪关等。南京的中华门城堡号称“中国第一城堡”。中华门，南京的南大门，明朝建城时称为“聚宝门”，1931 年改名“中华门”。聚宝门得名是因为城南的聚宝山，也就是城南的制高点雨花台。南京城唯城南为开阔地，易攻难守，因此，聚宝山和聚宝门就成了金陵锁钥，兵家必争之地，建构格外宏伟繁复。中华门城堡坐北朝南，东西宽 128 米，南北长 129 米，占地面积达 16 500 多平方米。它的平面图形是一个“目”字，前后有四座城门，形成了三座瓮城。朝南的第一座城门分上、中、下三层，下层是城墙，中间为城门通道，长 52.6 米、高 11.05 米；中层为楼基，砖石结构；上层原为木结构的敌楼，有三重檐歇山顶，1937 年毁于日寇兵火。每道城门的两旁，有宽和深各约 20 厘米的槽孔，是当时关闭千斤闸的滑道。所谓千斤闸，其实就是一整块木门，在木门外包裹着铁皮。千斤闸用绞盘提起、放下。当第一道城门被攻破后可放下第一个千斤闸，把围住的敌人聚而歼之，这就是“关门打狗，瓮中捉鳖”。即使第一个千斤闸被攻破，还有第二个、第三个。城堡中还建有 27 个藏兵洞，分布在第一道城门两侧，用于藏兵，可以伏击入侵之敌。这样繁复的防御工事，在冷兵器时代简直可以说是固若金汤。

但是，后来也有把独立的敌楼称为关的，如苏州出现于抗倭时期的铁铃关，又名“枫桥敌楼”。

这些就是“关”。

二、关与敌楼

敌楼是古代建筑在城墙敌台上的城楼，也有人称之为“镝楼”，或干脆称为“箭楼”。敌楼作为城墙之上所建楼房，战时用于守城防御，供守城部队指挥、瞭望、传令，放置器械物资等，平时则供守城军士巡逻者遮风避雨休息之用。它是一种增强城墙防御的设施。长城上的烽火台就是敌楼。但是，在江南出现了独立的，类似岗楼、碉堡的敌楼，通常也称为关，如苏州枫桥的铁铃关。

老苏州最繁华的地段阊门有所谓“三关六码头”的说法，这里的三关都在大运河南岸的官塘上，就是位于阿黛桥浜东侧扼普安桥的金阊关、枫桥镇扼枫桥的铁铃关和十里长亭附近的浒墅关。三关今仅存铁铃关。这些关都是扼守要道的独立的岗楼式防御工事。

笔者年轻时曾经步行经过黔北的著名险关——娄山关，就是类似这样的关口。

娄山关又称“娄关”“太平关”，位于娄山山脉的主峰大娄山。大娄山海拔 1 576 米，而娄山关在主峰下面的山道险隘处，海拔 1 440 米，古称天险，“北拒巴蜀，南扼黔桂”，自古为兵家必争之地，有“黔北第一天险”之称。它在遵义、桐梓两县的交界处，南距遵义市 50 千米，北拒巴蜀，南扼黔桂，实为黔北咽喉。历史记载，明朝时这里曾经发生过激烈的战事。而娄山关真正出名则是因为毛泽东在这里指挥了两场漂亮的以弱胜强的硬仗，并留下了著名的词作《忆秦娥・娄山关》。

我们当年沿着盘山道登娄山关。清晨出发，到娄山关关口时已经过午，只见关口两峰对峙，如刀砍斧削一般，一条山道蜿蜒其间。抬头看山顶，巍巍然如撑天巨柱；低头看来路，一条“巨蟒”游动在群山间。接近关口处，西风甚烈，几乎站不住脚，印象中从来没有遇到过如此强劲的风。

娄山关并无关城，只有扼守隘口的敌楼。我们沿小路爬上关口的山顶，敌楼依然还在，形如一个炮台。这里虽不是大娄山的绝顶，但是地势已经极高，俨然是附近的制高点。脚下山道蜿蜒，穿过隘口。真所谓“一夫当关万夫莫开”。

站在娄山关敌楼，身后主峰耸峙苍穹。南方植被已深，经冬不凋，风起处远山如波涛汹涌；夕阳西下，天边一片血红。这时才觉得毛泽东的“苍山如海，残阳如血”写得好，而且居然是写实，不是虚夸。

三、今天的“关”

随着冷兵器时代的过去，关的防御功能已逐渐弱化。解放战争时期，苏州铁铃关作为苏州城防的重要阵地发生了战斗，国民党守军一触即溃，这或许是铁铃关作为城防工事的谢幕演出了。

前些年我又去了山海关。这是一座关城，号称“天下第一关”。它周长约 4 千米，整个城池与长城相连，以城为关。山海关有四座主要城门，配备了多种防御设施，是一座防御体系比较完整的城关。其主体为威武雄壮的“天下第一关”箭楼，辅楼建筑有靖边楼、临闾楼、牧营楼、威远堂、瓮城、东罗城。由于年代久远，山海关的许多设施已毁坏，1956 年到 1994 年几十年间，先后修复了镇东楼至威远堂和镇东楼至靖边楼的城墙，修复了靖边楼、牧营楼和临闾楼，修复了靖边楼和镇东楼之间的青砖内墙及镇东楼和威远堂之间的毛石内墙，修复了垛口墙和宇墙，修复了靖边楼和临闾楼之间的外墙体，补墁靖边楼到镇东楼之间的墙面。作为一座雄关，山海关在冷兵器时代确实是难以逾越的险阻。

历史上曾有许多重要战争发生在山海关，其中吴三桂引多尔衮入关，在一片石与李自成之间发生的生死决战，直接影响了此后三百年的历史走向。

这就是人类前进的足迹，足以让我们沉吟深思。

在漫长的历史时期，关就是这样护佑着关内的人。而今天，它已经卸下了这个重任。

山海关今貌

古代区域安防的重要设施——烽燧

张长霖

今天，通信技术日新月异，轻点手机屏幕，世界风光即可尽收眼底。那么在古代，如何快速传递信息，特别是紧急的军情呢？一种快捷的方式就是利用烽燧。烽燧也称“烽火台”“烽台”“烟墩”“烟火台”。春秋时，白天燃烟叫烽，夜晚放火叫燧；唐时倒过来，白天燃烟叫燧，夜晚放火叫烽。如有敌情，白天燃烟、夜间举火，烽燧传信，这是古代传递军事信息最快、最有效的方法。

一、烽燧的故事

我们都听说过“烽烟戏诸侯”的故事，这是西周最后一位君主周幽王作死的故事。《史记》等史书是这样记载的：西周末代的周幽王，为博美女褒姒（bāo sì）一笑，竟点燃骊山烽火台上的烽火，戏弄诸侯来援。褒姒看了果然哈哈大笑。幽王很高兴，因而又多次点燃烽火。后来，诸侯们都不相信了，也就不来了。再后来，犬戎攻破镐京，杀死周幽王，西周灭。结果就是周幽王的儿子周平王即位，东迁建都洛阳，是为东周。

关于这一史实，后世多有怀疑。不少学者认为，这是后来掌权的申侯为掩盖弑君的罪过而伪造的。我们这里不探究这一是非，而是着眼于“烽烟”。

如上文所说，烽烟，又称为“烽火”“烽燧”“狼烟”等。

《史记·周本纪》：“幽王为烽燧大鼓，有寇至则举烽火。”据唐人李贤《后汉书·光武帝纪下》注云：“前书音义曰：边方备警急，作高土台，台上作桔皋，桔皋头有兜零，以薪草置其中，常低之，有寇即燃燔之，举之以相告，曰烽。又多积薪，寇至即燔之，望其烟，曰燧。昼则燔

长城烽燧（陈应摄）

燧，夜乃举烽。”由此可知，烽用于夜间放火报警，燧用于白昼施烟报警。由于烽燧一般均设在用土筑成的高台之上，故又称“烽火台”。据唐人段成式著《酉阳杂俎·广动植》中云：“狼粪烟直上，烽火用之。”故唐代的燧烟亦有燃烧狼粪者，比喻战争发生的“狼烟”一词即由此而来。薛逢《狼烟》诗云“三道狼烟过碛来，受降城上探旗开”，当指此。

这里可以得到的信息是：第一，设置烽燧是西周先王的首创，它是镐京重要的安防设施；第二，这一安防设施确实有效，能及时传递信息，获得援助；第三，这种防御示警系统在唐代得到了完善。

二、烽燧的形制

烽燧最基本的基础设施就是烽火台，也就是上述引文中的“烟墩”，后世多称“烽燧”。从新疆哈密、库车等地留下的汉唐以来的烽燧遗址来看，烽火台是底部正方形的正四棱形夯土建筑。建筑烽火台要选择一个地区的制高点，再在其上筑起高台，突兀其上。这样，守卫者视野开阔，可以及时发现险情。烽燧燃起，也能让更远地方的人看见。烽火台是成系列设置的，每隔一段距离设置一座。尽管烽火台设置在视野开阔的制高点，但其可视范围还是有限的，所以需要信息传递。一座接着一座地在烽火台上点燃烽燧，就可以很快地把信息传递到很远很远的地方。烽燧的燃料是晒干的狼粪。狼粪燃起时，烟柱冲天，风吹不散，可以及远。

我们今天在长城上就可以见到这样成系列的烽火台。明末大学者顾炎武见到长城时赞叹道："雄托朔地当年大，不断秦城自古长。"世人瞩目的金山岭长城是明长城最具有代表性的一段，位于河北省滦平县与北京市密云县交界处。它始建于明洪武元年（1368），由大将徐达主持修建。隆庆元年（1567）抗倭名将蓟镇总兵戚继光、蓟辽总督谭纶在徐达所建长城的基础上又续建、改建。目前是全国重点文物保护单位、国家级风景名胜区、国家5A级旅游景区，已列入世界文化遗产名录。金山岭长城西起龙峪口，东至望京楼，全长10.5千米。沿线设有形制各异的敌楼67座、烽燧2座、大小关隘5处，是现保存最完好的一段明长城，被专家称为明长城之精华。敌楼与烽燧大致相同，都有瞭望台和堡垒的功能。所不同的是，烽燧还有燃烧狼烟的设施。每座烽火台大约相距5 000米。这里依山设险，凭水置塞，雄城起伏，似钢墙铁壁，"一夫当关，万夫莫开"。烽火台以其视野开阔、敌楼密集、建筑防御体系功能奇特而著称于世。而烽燧就是这个防御设施的核心组成部分之一。

长城（杨筠石绘）

漫步于金山岭长城之上，可以见到船篷顶、四角钻天顶、八角藻井顶、穹窿顶等内部结构形式各异的敌楼和烽燧。其军事防御功能极强，设有障墙、战台、炮台、瞭望台、雷石孔、射孔、挡马墙、支墙、围战墙等，可谓固若金汤。而这里，烽燧就是防御系统的点睛之笔。

三、烽燧的历史作用

我国留存至今的烽燧很多，比较著名的有新疆哈密、库车等地各时期的大量烽燧，这是守护丝绸之路的设施。还有就是山东泰山附近齐长城遗址留存下来的大量烽燧。

目前，哈密地区尚保留有各时代的烽燧 51 座，是丝绸之路沿线保存烽燧最多、最好的地区。其中，尤数巴里坤县保存的烽燧数量最多，共有 29 座，哈密市和伊吾县则分别有 19 座和 3 座。

从历史时期看，哈密地区最早的烽燧建于唐代，境内尚遗存的唐烽燧共有 4 座，即哈密二堡的拉克苏木烽燧、柳树泉的下马不拉克烽燧、巴里昆三塘湖烽燧、伊吾前山阔吐尔肖纳烽燧。哈密保存下来的绝大部分烽燧都是清代建筑。其密度最高的一段在巴里坤县城往西至萨尔乔克一线，这里每隔 2 000~3 000 米就有一座，连绵相望 13 座之多，蔚为壮观！

以萨尔乔克和巴里坤湖滨的两座烽燧为例，其基座均为正方形，燧体为向上收缩的棱柱形，夯土建筑，夯土中夹有红柳枝，并大多采用圆木构架。萨尔乔克烽燧长、宽各 8 米，高 7 米多，燧体上下穿架着四层直径 8 厘米左右的木棍。巴里坤湖滨烽燧更大些，长、宽均达 10 米以上，高 9 米多，燧体中穿架着的圆木直径粗达 25 厘米。

库车的烽燧时间更早，大约建于西汉宣帝年间，应该是西域都护府在乌垒设立之后的防护设施。其系统完善于唐朝。现存烽燧遗址在库车境内分布有三条线：

第一条偏北傍山，东起轮台西，西至盐水沟关垒，是汉朝西域都护府防止匈奴南侵的军事报警线。

第二条线东起轮台西，沿国道 314 线西行，至新和县羊塔克库都克。

第三条线从塔里木乡唐王城，沿渭干河西北行，与第二条烽燧线在科西吐尔重合，西接库木吐拉，东北接克孜尔喀拉罕烽燧。

库车烽燧线虽有三条，但大都已成废墟。从这些烽燧，我们可以想象当年河西走廊的争夺是何等惨烈。

齐长城烽燧的遗址很多，也很成系统。考察齐长城，共发现烽燧遗址 13 处，分别为杨家山烽燧、万南烽燧、梯子山烽燧、南天门烽燧、锦阳关烽燧、西尖烽燧、穆陵关烽燧、南山烽燧、长城岭烽台、大山烽台、烽台顶、于家河烽燧、大墩烽燧。它们多数建在山峰顶上和高岗上，还有的筑在长城外侧500米左右的丘阜上，也有设在长城内侧的。

从西周到清代，中国人修了两千多年的烽燧，有欧洲学者说，中国的长城改变了世界历史的走向。正是长城上的烽燧，让北方游牧部落多次止步于长城脚下，被迫西进欧洲寻找生存空间，匈奴铁骑是这样，蒙古铁骑也是这样。

一个烽燧系统，成为撬动世界历史的杠杆，这就是这一安防系统的伟大历史作用。

四、烽燧的推广

今天，烽燧作为历史遗迹虽然只是供人凭吊，但是，其工作原理仍然给予我们启发。这一原理得到了推广：

其一，“望天猴子”，也就是巨船桅杆上的瞭望哨。在大江大湖，甚至海上，“望天猴子”处于高处，借助望远镜进行观察，可以获得信息。

其二，灯塔，也就是航道示警系统。利用灯光可以标识航道的正确方位。

其三，森林瞭望，即在森林里设置高高的瞭望台，只要看见烟起，就能及时救火。

所有这些，其实与烽燧的工作原理是一样的。可以这样说，烽燧虽然已经退出历史舞台，但是烽燧的原理却得到了广泛应用。

从炮台看中国近代海上安防意识的觉醒

张长霖

翻开中国近代史，屡次出现的一个名词就是“炮台”。如鸦片战争中广东提督关天培战死虎门炮台、江南提督陈化成战死吴淞炮台，第二次鸦片战争中直隶提督史荣椿固守大沽炮台，甲午战争中清军苦战刘公岛南帮、北帮炮台，等等。似乎在这些战争中炮台均占据着重要的战略地位，炮台阵地的得失也决定了战争的胜负。

那么，何谓炮台？其实际作用是什么？体现了何种战略思想呢？

一、何谓炮台？

所谓炮台，就是架设火炮的台基，是随着火炮的发展而出现的一种战时工事。一般设在进可攻、退可守的江海口岸和战略要塞。它主要装备大口径、远射程的火炮，阵地为永备工事，比较坚固。

我国近代最著名的炮台有扼守珠江口的虎门炮台、扼守长江口的吴淞炮台和扼守京城门户的大沽炮台。虎门炮台是南海进入中国内陆的最近要道，大沽炮台则是京城的门户，历史上有“北大沽南虎门”的说法。吴淞炮台是长江口的锁钥，其重要性也显而易见。除了虎门炮台、吴淞炮台和大沽炮台外，今天还能见到许多其他炮台的遗址，有史料记载如下：虎门威远炮台、虎门镇远炮台、虎门靖远炮台、江阴要塞炮台、温州龙湾炮台、温州镇瓯炮台、沙面炮台、海口秀英炮台、珠江口上横档岛炮台、宁波镇海炮台、舟山定海炮台、吴淞炮台、平湖天妃宫炮台、珠江口下横档岛炮台、厦门南山顶炮台、赤湾左炮台、九门口要塞炮台、大沽口炮台、马厂炮台、歧口炮台、烟台西炮台、烟台东炮台、威海刘公岛炮台、青岛山炮台、镇江焦山古炮台、福州长门炮台、福州马尾炮台、平湖南湾炮

江阴要塞炮台今貌

台、沙角炮台、大黄滘口炮台、沙路炮台、潮阳炮台、南澳岛长山尾炮台、厦门胡里山炮台、北海石龟头炮台、江门崖门炮台、珠海拱北拉塔石炮台、珠江口大角山炮台、福州亭头炮台、北海白龙炮台、南宁镇宁炮台、友谊关左弼山炮台、友谊关金鸡山炮台、龙州水口炮台、营口西炮台，总数将近50座，相当惊人。

二、中国的炮台始建于何时？

中国究竟是从何时开始建造海防炮台的，史料并没有确切记载。目前可以见到的最早的炮台应该是广州的虎门炮台。1839年，林则徐到广州查禁鸦片，从6月3日到25日在虎门海滩当众销毁收缴的鸦片两万多箱，同时，与爱国将领关天培一起积极布防，在东莞县虎门设置炮台11座，大炮300多门。这是一个很庞大的炮台群。

可见，正是在帝国主义以坚船利炮叩响中国大门的同时，中国开始了防御工事——炮台的建设。

虎门位于广东东莞境内，是从珠江口由水路通往省会广州的必经之地。虎门之外是一个喇叭形的海湾，逆流而上，珠江水道逐步收窄，成为海上的咽喉要道，是广州的重要屏障。

虎门的军事价值，在明代已充分显现。永乐年间，政府开始在虎门修筑防御工事，设兵把守。嘉靖时，为严密防范倭寇的进犯，虎门工事进一步加固，但当时还不是炮台的形式。

林则徐像

清朝嘉庆年间，虎门才开始大规模建设，并初步形成了具有一定规模的防御阵地。这个防御体系由修筑在河中的小岛和两岸一连串的炮台构成。1809年，为了应对海盗张保仔，两广总督张百龄以广东地邻海洋、防务繁忙为由，奏请复设水师提督，驻扎虎门，统管全省水师。得到朝廷批准后，张百龄遂筹饷训练水师，大规模招兵买马，很快就平定了海盗之患。

此后，水师提督关天培到任，经过现场勘查，决定新建一批炮台，并对已有炮台进行修缮更新。他亲自监督铸造了 8 000 斤（1 斤 = 0.5 千克）、6 000 斤大炮 40 尊，以及 6 000 斤以下大炮数百尊，分置于各炮台，提高了防备能力。

在连续数十年的建设中，虎门炮台形成了由三道门户构成的军事要塞，在当时被称为“虎门十台”。其中，沙角、大角炮台构成第一道门户，负责对外海的警戒和防御，防止敌人从海面上发起进攻。沙角炮台位于虎门沙角山顶，周长 42 丈（1 丈 = 3.33 米），设有炮洞 11 个，配备大小铁炮 11 门，以及台门配炮 1 门，另外还有 500 斤生铁炮 1 门备用。炮台建有火药库、官厅、官房、兵房等设施。

由于沙角、大角炮台的炮火相距太远，不能构成交叉火力，难以封锁整个洋面，因此沙角炮台后又改为号令台。凡外国商船入境，必须停泊在沙角洋面以外，等待水师检查后才能通过。如有外船企图闯入，先发空炮制止，再发实炮予以警告；再不听从，则向该船开炮，并通知各炮台备战。当时，在白草山顶建有望楼一座，楼前竖一高杆，日夜瞭望。

威远、镇远、靖远等炮台，是虎门要塞的第二道门户，构成一个互为支撑的“品”字型坚固体系，牢牢地守住珠江。其中，威远炮台位于威远岛侧边的海滩上，从 1835 年开始修建。其平面呈月牙形，底层均用花岗岩垒砌，顶层用三合土夯筑，非常坚固。威远炮台共有暗炮位 40 个，露天炮位 4 个，并设有弹药库、码头、兵房等设施。靖远炮台是所有炮台中火力最强大的，共安设各类大炮60门。

大虎炮台为虎门要塞的第三道门户，设有火炮32门，为拦截敌舰在横档岛、武山之间的江面上设置了木排两道，以及大铁链372丈。

整个虎门要塞共配置各类火炮383门，形成了由警戒区、海口区、侧翼区相互配合的完善的海口防御壁垒体系，成为光绪年间设施最完整、火力最强大、工事最坚固的海防要塞。

三、炮台有何实际作用？

中国自古重防守，炮台的出现实际上就是这种思想的具体体现。那么，海防炮台的实际作用究竟如何呢？我们不妨以甲午海战为例。

威海卫之战是保卫北洋海军根据地的防御战，也是北洋舰队的最后一战。当时，日本大本营对山东半岛的作战部署为“海陆夹击”北洋舰队。李鸿章在建完各炮台后，即调派绥、巩军各4营分别驻守北帮炮台、南帮炮台，同时在刘公岛上驻扎北洋护军，并在海港东西两口布设防材和敷设水雷248颗。整个山东半岛大约有步兵40个营、骑兵8营、水雷2营。威海卫港内尚有北洋海军各种舰艇26艘。

1895年1月20日，大山岩大将指挥的日本第二军，包括佐久间左马太中将的第二师团和黑木为桢中将的第六师团，共25 000人，在日舰掩护下开始在荣成龙须岛登陆，同时日联合舰队第一游击队在登州实行炮击，山东巡抚李秉衡由于弄不清楚日军究竟要在何处登陆，只好分兵把守，“时刻严防”。23日，日军在荣成全部登陆完毕。26日，日军第二师团和第六师团分别从荣成出发，各由南北两路，分头向百尺崖方向前进。在战斗中，清军赵埠嘴炮台击沉日舰1艘。30日，日军集中兵力进攻威海卫南帮炮台。驻守南帮炮台的清军仅6营3 000人。营官周家恩守卫摩天岭阵地，顽强抵抗，最后被战败。日军左翼司令官大寺安纯少将也被清军炮弹打死，左翼支队4个中队的日军被迫退至冯家窝。由于兵力悬殊，南帮炮台终被日军攻占。2月3日，日军占领威海卫城。威海陆地悉数被日本占据，丁汝昌坐镇指挥的刘公岛成为孤岛。

北洋舰队最后消极避战，试图依仗炮台死守。但是，一旦被包抄后路，炮台即成死物。战场的主动权失去后，炮台的防御功能也就失去了。

可见，炮台就是陆基海防设施。今天，陆基海防系统已经进化到陆基导弹、火控雷达等复杂的系统，与当年的炮台不可同日而语。防御的思想是一脉相承的。但是，一味地消极防御是不行的，这就是我们今天要发展强大的海上军事力量的原因。清代后期投入建造的大量海疆炮台，说明了我国海防意识的觉醒。

四、民族英雄，永垂不朽

淮安是民族英雄关天培的故乡，如今淮安市淮安区县东街还有一座古朴肃穆的关忠节公祠，即关天培祠。在神台上，关天培官服塑像栩栩如生，享殿门上悬有“关忠节公祠”长匾额。殿两旁悬有书法家周木斋书写、林则徐所撰的挽联。当时，虎门炮台失守，关天培壮烈殉国的消息传到广州，已被撤职的林则徐悲愤难抑，为关天培写下这样一副挽联：

> 六载固金汤，问何时忽坏长城，孤注空教躬尽瘁；
> 双忠同坎壈，闻异类亦钦伟节，归魂相送面如生。

上联写关天培和他苦心经营虎门炮台，六年来固若金汤，如今失守，以身殉国。这里的长城，指关天培，也指虎门炮台。下联“双忠”指战死的关天培和罢官的林则徐自己，“坎槛”是指迈不过去的卡口，也就是战败，“异类”指侵略军，据说英军占领虎门炮台后，向关天培遗体脱帽致敬，而关天培面目如生。这副挽联写得十分沉痛，这是对老战友的深切悼念。

关忠节公祠

一副对联，是关天培的挽歌，也是中国近代炮台的挽歌。

万里长城十三关之京、津、冀诸关

刘晓雪

“起春秋，历秦汉，及辽金，至元明，上下两千年。数不清将帅吏卒，黎庶百工，费尽移山心力，修筑此伟大工程。坚强毅力，聪明智慧，血汗辛勤，为中华留下巍峨丰碑……”这是罗哲文先生对万里长城的华美赞歌。12 000里的城池，13个关口，关关诉说着古老的智慧，关关传承着民族的文化。京、津、冀诸关因其独有的地理位置优势，引无数英雄竞折腰。

一、天下第一关——山海关

山海关位于河北省秦皇岛市，古称“榆关”，也作“渝关”，又名“临闾关”，因其北倚燕山，南连渤海，故得名“山海关”。山海关汇聚了中国古长城之精华，有“天下第一关”之称。明代著名书法家萧显所题“天下第一关”如今赫然挂在山海关城楼上，已成为一道靓丽的风景。

相传明朝万历年间，北方女真为患。皇帝为了抗御强敌，决心整修万里长城。当时号称“天下第一关”的山海关，早已年久失修，其中“天下第一关”题字中的“一”字已经脱落。万历皇帝招募各地书法名家，希望恢复山海关的本来面貌，但是没有一个人能够写出天下第一关的韵味。经过多次严格筛选，最后竟是山海关旁一家客栈里的店小二中选了。

题字当天，会场被挤得水泄不通，官家早早备妥了笔、墨、纸、砚。店小二到场，抬头看了看山海关的牌楼，拿起一块抹布往砚台里一沾，大喝一声“一”，干净利落，一个绝妙的“一”字一蹴而就。旁观者莫不惊叹，连连鼓掌。有人好奇地问店小二：“能够如此成功，有何秘诀？”他羞涩地回答说：“其实，我没有什么秘诀，只是在这里当了三十多年的店小二，每当擦桌子时，就望着牌楼上的‘一’字，一挥一擦，就这样而已。”故事暂且不论其真实性，但是熟能生巧、巧而生精却是不争的事实。

大名鼎鼎的山海关上还有许多脍炙人口的楹联，下面两帧就十分有名。其一：

两京锁钥无双地，万里长城第一关。

“两京”，汉唐以来，称长安、洛阳为“两京”。此指关外的沈阳和关内的北京。“第一关”，就是指山海关。这副对联是对山海关简明扼要而又十分传神的介绍和描绘。“两京锁钥”说明山海关在军事上极为重要，突出了它扼守门户、巩固安防的特殊地位，由此引出了“无双地”的评价，尤其是“锁钥”这一雅称有理有据。上联很自然地引出了下联的“万”“长”“第一”，逐层推出，更进一步体现了山海关特有的战略优势和安防作用。此外，上下联成因果关系，表达了作者对山海关的赞誉之情。其二：

群山尽作窥边势，
大海能销出塞声。

万里长城之一（陈应摄）

这副对联道出了“山”“海”的非凡气势，巧用“窥边”“出塞”两词，说明了山海关的特殊地理位置，也进一步突出了其在国家安防中的重要性。这副对联犹如在向人们述说历史，把人们带回到烽火硝烟的岁月，立意可谓高妙、奇绝。

二、黄崖关

黄崖关又称“小雁门关”，为津门十景之一的蓟北雄关，位于蓟县最北端30千米处的东山上。北齐始建，明代名将戚继光在任时曾经重新设计，包装大修。黄崖关城东侧山崖的岩石多为黄褐色，每当夕阳映照时，会呈现出金碧辉煌的美景，有“晚照黄崖”之称。游览区包括“黄崖夕照”“二龙戏珠”“云海烟波”三大奇观，具有“雄”“险”“秀”“古”四大特色。

民族英雄戚继光与黄崖关有着不解的渊源。戚继光曾在蓟州戍边多年。这位明朝军事奇才在东南沿海抗倭十年，扫平了日本浪人；又在北方抗击蒙古十余年，保卫了北部边疆的安全。除此之外，他还是一位杰出的兵器专家和军事工程专家，抗倭的时候发明了多种战船、火攻武器；戍边的时候则创造性地在长城上修建空心敌台，进可攻退可守，极具特色。而这空心敌台，就位于黄崖关长城。历史奔流五百多年，北部边患早已平息，长城也已经失去了旧有的安防作用，唯有悬崖衰草，空心楼台，依稀诉说着当年的风霜。

古人游览名山大川每每有所感怀，心为山动，情为水发，锦绣佳作喷薄而出。关于黄崖关，最为人熟知的便是高适的《自蓟北归》：

驱马蓟门北，北风边马哀。
苍茫远山口，豁达胡天开。
五将已深入，前军止半回。
谁怜不得意，长剑独归来。

这里的蓟门就在黄崖关附近，在当时对巩固国家边防具有重要作用。“五将已深入，前军止半回”，汉宣帝时，曾遣田广明等五将军，率十万余骑，出塞两千多里抗击匈奴，只有半数生还，表现出战争的激烈和残酷。全诗言辞悲壮苍凉，将诗人那种报国无门、壮志难酬的凄凉感表露得淋漓尽致。

三、天下第一雄关——居庸关

居庸关有“天下第一雄关”之称，位于北京昌平区内，得名于秦代。

万里长城之二（陈应摄）

有南北两个关口，南名“南口”，北称“居庸关”。战国燕时居庸关已成为军事要隘，汉代颇具规模，此后历唐、辽、金、元数朝，居庸峡谷都有关城之设。成吉思汗灭金即入此关，现存关口建于明洪武年间。

在五桂头山洞一侧山腰上部的一块大石上，雕刻着一尊佛像，据说这是杨五郎像。如果站在铁道边向对面山上瞭望，就会清楚地看到一尊人的塑像。传说杨五郎曾经在五桂头的山坳里藏身，孟良、焦赞到此寻找五郎，没有找到。老法师施了个法术，就在五郎藏身处的石壁上面点化出了五郎盘膝闭目的石像。两位将军一看，发现石壁上的五郎像，断定五郎已落发为僧，只好回马报信，不再追赶。传说中的故事让人难免一笑，流传下来的楹联则让人大饱眼福，就如下面这副楹联：

奔峭从天拆，悬流赴壑清。

此联出自金人宇文虚中，居庸关两旁，山势雄奇，中间有长达 18 千米的溪谷，俗称“关沟”。此联上下句是顺承的关系，“奔峭”突出水的起源，山势之高耸，“从天拆”，更是夸张地点明了这一点。“悬流”之“悬”字形象生动地写出水来势之高，“赴壑清”之“清”写出水之清澈。此联不仅写出了居庸关是险要的安防重地，亦点出了居庸关清流萦绕、翠峰重叠的绚丽之景，堪称角度独特。

四、紫荆关

紫荆关位于河北省易县城西北 45 千米的紫荆岭上，自古便是华北平原的重要门户之一，汉时称“上谷关”，东汉名“五阮关”，又有“蒲阴径”“子庄关”之称。紫荆关始建于战国时期，与居庸关、倒马关合称为“内三关”。一向被誉为“畿南第一雄关”。它西南以十八盘道为险阻，北面以浮图隘口为门户，一关雄踞中间，群险翼庇于外，山谷崎岖，易于戍守，有“一夫当关，万夫莫开”之险。

历史上，在紫荆关发生的战争达 140 多次，其中成吉思汗在此击败金兵，又从此夹攻居庸关并得手。抗战时期，平型关大捷之后，我 115 师经过 28 天的战斗，一举收复了包括紫荆关在内的大片敌占区。1939 年 11 月初，我晋察冀军区所属部队和 120 师特务团在紫荆关附近的黄土岭战斗中，击毙日军总指挥“名将之花”阿部规秀中将，全歼其部下九百余人。1941 年 8 月 15 日，日军又集中 13 万大军，分 13 路向我晋察冀解放区进攻，可歌可泣的狼牙山五壮士的英雄事迹，就发生在紫荆关附近。

汉家锁钥惟玄塞，隘地旌旗见紫荆。
斥堠直通沙碛外，戍楼高并朔云平。
峰峦百转真无路，草木千盘尽作兵。
谁识庙堂柔远意，戟门烟雨试春耕。

这是明代诗人尹耕对紫荆关的描写。这首诗由历史写到现实，从战争写到和平，通过紫荆关的今昔对比，赞颂了朝廷的怀柔政策，也表达了作者渴望和平的心愿。

五、倒马关

倒马关位于河北省唐县西北 60 千米的倒马村，为河北平原进入太行山的要道之一。现存倒马关城始建于明景泰年间。山水关城在这里相得益彰，古人谋略之深，设防之严，建筑之奇，令人叹为观止。

倒马关路途险峻，战马到此经常摔倒，因而得名。又据传说，北宋名将杨延昭即杨六郎在此领兵御敌，有一次追击辽兵至半路，巨石挡路。石上有一缝，恰卡住了六郎的马腿。六郎狠夹马肚，战马长嘶一声，倒蹿出来，掉头径直把杨六郎驮回宋营，使他免中辽兵伏击，救了六郎一命。人们皆赞此马通灵，便把杨六郎把守的这一关口称为“倒马关”。

苦忆当关将，频年树汉旌。
风生三岔口，雪满六郎城。
李牧仍酣战，冯唐未著名。
随云望倒马，空有故人情。

这是明代尹耕所写的一首五律。诗中回忆与现实交织缠绵，风雪交集，战争无情，过去的日子就如同过眼云烟，一去不复返。再遥望倒马关，曾经的安防要地，如今物是人非，对旧日、旧友的怀念之情、思念之情油然而生。

不管是天下第一关的霸气外漏，还是黄崖关的雄险秀古，抑或是居庸关、紫荆关、倒马关的各具特色，都让人为之感叹，为之自豪。万里长城十三关，关关有故事，关关都精彩。

万里长城十三关之山西诸关

王家伦

长城像一条矫健的巨龙，越群山，经绝壁，穿草原，跨沙漠，起伏在崇山峻岭之巅、黄河之侧和渤海之滨。古今中外，凡是到过长城的人无不惊叹它的磅礴气势、宏伟规模和艰巨工程。上文我们介绍了京、津、冀诸关，感受到了万里长城的神秘与壮观。这里，我们再来揭开山西诸关的神秘面纱。

一、平型关

平型关位于山西省大同市灵丘县白崖台乡。明正德年间修筑内长城经过平型岭，并在关岭上修建了关楼。平型关虎踞于平型岭南麓，古称“瓶形寨”，以周围地形如瓶而得名。金时称“瓶形镇”，明、清称“平型岭关”，后改今名。历史上，这里很早就是戍守之地，周围900余丈，南、北、东各置一门，门额镌刻“平型岭”三个大字。

让平型关名声大噪的无疑是1937年那场平型关大捷。在平型关战役中，八路军打了大胜仗，经过一天激战，歼灭日军1 000多人，缴获了许多武器装备。平型关伏击战打乱了日军的侵略计划，扼制了日本侵略军的嚣张气焰，迫使已进至浑源和保定的一部分敌军转移，有力地支援了平汉铁路和同蒲铁路友军的作战。这是中国抗战开始后取得的第二次大胜利(第一次大胜利为1933年喜峰口战役)，它粉碎了“日本皇军不可战胜”的神话，振奋了全国人心，鼓舞了全国人民的抗战热情，增强了抗战必胜的信念。

平型关大捷振奋了抗日军民的士气，在历史上留下了浓墨重彩的一笔。对此，诗人们挥笔泼墨，留下了许多动人的爱国诗篇。如肖克的《平

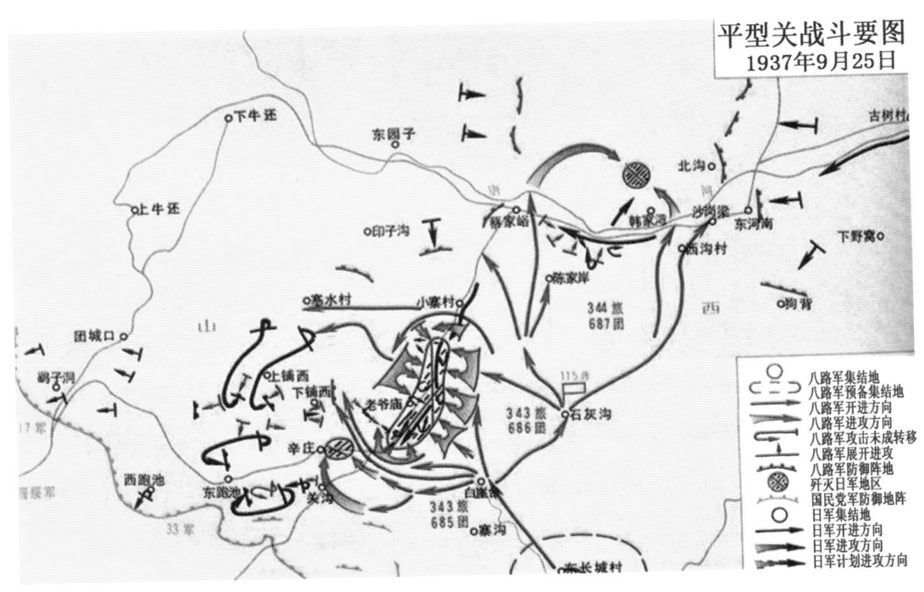

平型关战斗要图

型关大捷》，其中记载：

九月长城秋风尽，平型关下开战端。
枪炮声袭震山谷，痛歼坂垣美名传。

霭簃的《平型关大捷》，其中讴歌：

漏厦谁能一木支，燕云沈没羽书驰。
人间捷奏同今日，天上将军会下时。
不有奇兵纾上策，那教狂寇竟披离！
中原取次看恢复，失喜衰翁漫赋诗。

二、偏头关

偏头关，地处黄河入晋南流之转弯处，因地势东仰西伏而得名。它与宁武关、雁门关合称“外三关”，历来为兵家必争之地。现存建筑修筑于明洪武年间。

偏头关的故事涉及明武宗。明武宗是一个非常有趣的皇帝，喜欢打仗，可明朝是把儒教礼数等传统思想贯彻得最彻底的一个王朝，是纯粹的文人统治社会。鉴于此，武宗就虚设了一个叫“朱寿”的大将军，并下诏封官：“总督军务威武大将军总兵官朱寿，统领六师，扫除边患，累建奇

万里长城之一（陈应摄）

功，特加封镇国公，岁支录五千石，着吏部奉行！”不久，他又加封朱寿为太师，想打仗时，就以影子武士的名义来操办。明武宗两次西巡的时候，曾在偏头关小住过。明人有诗云：

半壁孤城水一湾，万家烟火壮雄关。
黄河曲曲涛南下，紫塞隆隆障北环。

明朝时，偏头关既是晋北门户，也是晋北与内蒙古互市的通商口。战争的硝烟消散之后，每逢边禁开放，关城及其周围的一些堡寨就成为蒙汉人民相互贸易的区域。蒙古族以大批的草原骏马进入互市区，换取汉族人民的丝棉织品、茶叶等物。互市开放之日，关城、堡寨将士披甲戴盔，列队城外，城楼之上礼炮轰鸣，鼓角雷动，庆祝民族交往的盛会。边地将领、政府官员、各地商人都纷纷前来赴会，通过商品的交流，增进不同民族之间的感情。

三、雁门关

雁门关位于山西省忻州市代县县城以北约 20 千米处的雁门山中，是长城上的重要关隘，以“险”著称，被誉为“中华第一关”，有“天下九塞，雁门为首”之说。与宁武关、偏头关合称为“外三关”。

雄关雁门，历代都是战略要地。汉元帝时，王昭君就是从雁门关出塞和亲的。从此，这一带出现了“边城晏闭，牛马布野，三世无犬吠之警，黎庶亡干戈之役”的安定局面。

雁门关上，有景点叫“马公杀虎处”。马公是明代镇守雁门关的马姓官员。原来，古代雁门关道两侧时有老虎出没，屡屡伤及百姓。马公的弟弟念及民生，自荐消除虎害，不料被虎所害。马公兄承弟志，终于将老虎杀于道旁，使雁门关道恢复了往日的祥和。为纪念马公除害之功，当地百姓捐资立碑，曰“马公杀虎处”，且归葬其弟于碑侧。

万里长城之二（陈应摄）

雁门关上还有一处观音殿，位于关南古盘道西侧。雁门关为南北往来要冲，车马行人昼夜不息，地处古道中途的观音殿香火绵延不绝。明建清修的观音殿，1937 年被侵华日军焚毁。2009 年 8 月重建，为纯石材建筑，殿内塑像为汉白玉石雕“四面观音”，寓意护佑四方游人信众。

四、娘子关

娘子关现存关城建于明代，有“万里长城第九关”之称，历代为兵家必争之地。古城堡依山傍水，居高临下，建有关门两座。东门为一般砖券城门，匾额题“直隶娘子关”，上有平台城堡，为检阅兵士和瞭望敌情之用。

“娘子关”之名，最早见于金人元好问《游承天悬泉》诗，其中有“娘子关头更奇崛”之句。乾隆年间的《大清一统志》首次收入了娘子关这一名称。关于娘子关这个名称的来源，有不少传说。《元和郡县志》说，春秋时晋国介子推的妹妹介山氏，焚死绵山，后人为之筑祠。还有一种说法是，隋开皇时曾在此设置苇泽县，唐高祖的三女儿、唐太宗的姐姐——平阳公主，曾率娘子军在此设防、驻守，故名“娘子关”。

娘子关不仅名字有韵味，而且山明水秀，景色宜人，闻名遐迩。娘子关瀑布悬流百尺，顺悬崖峭壁而下，如喷珠散玉直泻谷底。瀑布旁有水帘洞等，景色极为优美。古往今来，文人墨客纷至沓来，留下了许多脍炙人口的诗篇和楹联。

其一：

雄关百二谁为最，要路三千此并名。

其二：

楼头古戍楼边寨，城外青山城下河。

楹联描绘出这座古关名隘的独特风貌和秀丽天成。

五、杀虎口关

杀虎口关位于山西与内蒙的交界处，是雁北外长城最重要的关隘之一，是晋北山地与内蒙古高原的边缘地区，也是从内蒙古草原南下山西中部盆地，或转下太行山所必经的地段。明代，蒙古贵族南侵长城，多次以此口为突破点，故时称“杀胡口”。清代，唐庚尧曾经写下：

西上杀虎口，重冈连广漠。
居场杂马牛，饮啖半乳酪。
远人无绝理，得茗以为药。
谁谓互市非，良以示约束。

清朝统治者对蒙古贵族采取怀柔政策，将“胡”字改为“虎”字。自此“杀虎口”之名沿用至今。

如今，很多关口早已随着时间的流逝失去了当年的作用，已成为历史的遗迹。但是，它们的存在见证了中华民族的兴衰，饱含着无数劳动人民的智慧与血汗，值得每个中华儿女为之自豪，为之骄傲。

万里长城十三关之西部诸关

王玉琴

“不到长城非好汉，屈指行程二万。”蜿蜒的长城就像一条盘旋的巨龙，守护着中华灿烂文明，而这条巨龙的“尾巴”上就矗立着让中华儿女骄傲与自豪的西部诸关。每一处关隘不仅为国防做出了突出贡献，而且承载着厚重的文化，令人赞叹不已。

一、嘉峪关

西部城垣遗址

甘肃省嘉峪关市向西 5 千米处，是明长城西端的第一重关嘉峪关，也是古代“丝绸之路”的交通要冲。它始建于明洪武五年(1372)，成为万里长城沿线最为壮观的关隘。

嘉峪关在地势最高的嘉峪山上，城关两翼的城墙横穿沙漠和戈壁，向北 8 千米连接黑山悬壁长城，向南 7 千米，衔接天下第一墩，自古为河西第一隘口。它有内城、外城、城壕三道防线，与长城连为一体，构成五里一燧，十里一墩，三十里一堡，一百里一城的军事防御体系。

嘉峪关初建时，只是一座 6 米高的土城，占地 2 500 平方米。现存的关城总面积 33 500 余平方米，由外城、内城和瓮城组合而成。其内城墙上建有箭楼、敌楼、角楼、阁楼、闸门等 14 座，关城内有游击将军府、井亭、文昌阁，东门外有关帝庙、牌楼、戏楼等。

在城墙上，自然景色让人流连忘返，而点缀其间的楹联更令人拍案叫绝。其一：

百营杀气风云阵，九地藏机虎豹韬。

“九地”对“百营”，营造了一种空阔之感。“藏机”对“杀气”，将边关战争的激烈紧张之感表现得淋漓尽致。“虎豹韬”对“风云阵”，寥寥数字，使边关将士的雄韬武略耀然眼前。上联的大意是：军营座座，威严马啸，像风云一样排兵布阵，严守边关；下联的大意是：大地苍苍，处处藏有玄机，将士们勇于虎豹，用韬略严惩入侵之敌。这副楹联对仗工整，平仄和谐；内容上，描绘了当年嘉峪关驻军安营扎寨，兵强马壮，将军运筹帷幄，用谋略指挥千军万马守卫边关的场景，给人以“威猛之师”“善战之师”的深刻感受。其二：

金鼓动地，战旗猎猎映大漠；铁垒悬月，轻骑得得出长城。

“金鼓”泛指金属制成的乐器和战鼓。《左传·僖公二十二年》中记载：“三军以利用也，金鼓以声气也。”“铁垒”对“金鼓”，营造出了战争一触即发的紧张气氛。“悬月”对“动地”，天地相映，写出了边关的寂寥与辽阔。“战旗”与“轻骑”在“猎猎”与“得得”这两个拟声词的形容下，显得生动形象。“映大漠”对“出长城”，瞬间把人带到了那个长城大漠间的边关。上联的大意是：金鼓惊天动地，大振士气，战旗猎猎，映照茫茫大漠；下联的大意是：铁垒城楼，捧星悬月，铁骑驰骋，守卫巍巍长城。这副楹联如诗如画，气势恢弘，展现了烽火连天的峥嵘岁月。其三：

效忠社稷酬壮志，寄情书剑慨平生。

“寄情”对“效忠”，直抒胸臆，可见将士保家卫国的拳拳赤子之心。“慨平生”对“酬壮志”，显示了将士胸怀天下、忧国忧民的可贵精神。上联的大意是：忠心效国，挥洒热血，展现保家卫国的壮志。下联的大意是：激情倾向读书和习武，感慨人生。这副楹联言简意赅，字里行间流淌着激情与忠诚，描绘了将士读书舞剑、能文善武、报效国家的高尚情怀。其四：

不悲镜里容颜瘦，且喜心头疆域宽。

“且喜”对应“不悲”，“疆域宽”对应“容颜瘦”，皆为对比。对比中不仅显出张力，更凸显了所表达的思想感情。上联的大意是：不必悲伤因守卫边疆而消瘦的容颜；下联的大意是：幸喜心中重视和爱惜宽广的疆土。这副楹联构思奇巧，对仗严谨，平仄合律，联意深刻。其上下联巧妙地运用了对比手法，以镜中消瘦的容颜与疆域拓宽作比较，突出了将士舍小我为大家、为天下的宽阔胸襟与崇高情怀，也表达了戍边将士不辞辛劳，为国守边的豪情壮志。

二、阳关

阳关是中国古代陆路对外交通的咽喉之地。它位于甘肃省敦煌市西南的古董滩附近，因坐落在玉门关之南而得名。阳关建于汉元封四年（前107），自汉至唐，一直是丝路南道上的必经关隘，和玉门关同为沟通西域的门户。

据史料记载，西汉时，这里是阳关都尉治所，魏、晋时，设置阳关县，唐代设寿昌县。宋、元以后，随着丝绸之路的衰落，阳关也被逐渐废弃。旧《敦煌县志》把玉门关与阳关合称“两关遗迹”，列敦煌八景之一。

阳关今貌

相传在唐代，天子为了和西域的于阗国保持友好关系，将自己的女儿嫁给了于阗国王。皇帝嫁公主，金银珠宝，应有尽有。送亲队伍带着嫁妆，经过长途跋涉，来到阳关，歇息休整，准备出关。不料，夜里狂风大作，黄沙遍野，天昏地暗。这风一直刮了七天七夜，将城镇、村庄、田园、送亲队伍和嫁妆全部埋在了沙丘下，从此，这里一片荒芜。据说，当地人曾在这里捡到过金马驹和一把精致的将军剑。这个传说是野史还是正史，不得而知。

提起阳关，人们还会想到一首诗《送元二使安西》：

渭城朝雨浥轻尘，客舍青青柳色新。

劝君更尽一杯酒，西出阳关无故人。

这是唐代大诗人王维的杰作。后人根据这首七言绝句，还谱写了一首著名的古琴曲《阳关三叠》，又名《阳关曲》或《渭城曲》。此诗前两句写渭城驿馆的风景，交待送别的时间、地点、环境气氛；后两句伤别离，却不着“伤”字，只用举杯劝酒来表达内心强烈深沉的惜别之情。“西出阳关无故人”这句表明当时阳关以西还是穷荒绝域，风物与内地大不相同。

三、玉门关

玉门关始置于汉武帝开通西域道路、设置河西四郡之时，因西域输入玉石时取道于此而得名。汉时为通往西域各地的门户，故址在今甘肃敦煌西北小方盘城，俗称“小方盘城”。

现存关城呈方形，四周城垣保存完好，为黄胶土夯筑，开西北两门。城堡平面呈方形，东西长 24 米，南北宽 26.4 米，总面积 630 多平方米。城北坡下有东西走向的一条大车道，是历史上中原和西域诸国来往的必经之路。现存城墙高 9.7 米，上宽约 3 米，墙基最宽处 5 米，上有城墙，城东南角有马道可以登顶。在汉代，这里是重要的军事关隘和丝路交通要道。

关于玉门关的诗词，最为著名的有两首。一首是“七绝圣手”王昌龄的《古从军行七首·其四》：

青海长云暗雪山，孤城遥望玉门关。

黄沙百战穿金甲，不破楼兰终不还。

首句“青海长云暗雪山”，为战争气氛的渲染，“黄沙百战穿金甲”既揭示了环境的艰苦，又展现出战士们以身许国的英雄气概，更突显了安防之重要。

另一首则是王之涣的《凉州词》：

黄河远上白云间，一片孤城万仞山。

羌笛何须怨杨柳，春风不度玉门关。

首句抓住由近及远眺望黄河的特殊感受，描绘出“黄河远上白云间”的动人画面：汹涌澎湃、波浪滔滔的黄河像一条丝带迤逦飞上云端。次句“一片孤城万仞山”出现了塞上孤城，这是诗的主要意象之一，属于“画卷”的主体部分。“黄河远上白云间”是远景，“万仞山”是近景。在远川高山的反衬下，益见此城地势险要、处境孤危。诗起于山川的雄阔苍凉，承以戍守者处境的孤危。第三句忽而笔峰一转，引入羌笛之声。末句“春风不度玉门关”随之水到渠成。用“玉门关”一语入诗，不仅写出了边地苦寒，也写出了无限的乡思离情，从侧面烘托出国家安防的至关重要和将士保卫国家的崇高情怀。

说到这首《凉州词》，还有个有趣的文人典故，即“旗亭画壁”。唐玄宗开元年间，诗风日盛。当时，不分朝野，无论官民，人们都喜欢吟诗唱曲。开元二十五年（737），同为著名边塞诗人的王之涣、王昌龄、高适都在东都洛阳游学，互相倾慕。一次，三人去酒楼小酌，恰逢十余梨园子弟登楼聚会，宴饮并表演节目。诗人们想：“我们三个在诗坛都算是名人了，但谁的诗更好却一直未能分出个高低。今日适逢梨园欢歌，正好可以悄悄地听歌女们唱诗。谁的诗被编入歌中最多，谁就最优秀。”几位歌女轮番演唱，谁知竟没有人唱王之涣的诗词。王之涣便指着其中一位最美的歌女说道：“到她唱的时候，如果不是我的诗，我这辈子就不和你们争高下了；如果唱的是我诗的话，两位就拜倒于座前，尊我为师。”三位诗人边说边笑边等待。终于那个最美的姑娘开唱了，她唱道：“黄河远上白云间，一片孤城万仞山。羌笛何须怨杨柳，春风不度玉门关。”王之涣得意至极，揶揄王昌龄和高适说：“怎么样，我说的没错吧！”三位诗人开怀大笑。

盛唐的边塞诗意境高远，格调悲壮，就像雄浑的军号，一声声吹得历史热血沸腾。盛唐的边塞诗人视野开阔，胸怀激荡，充满了磅礴的浪漫气息和一往无前的英雄主义精神。他们的诗是时代的最强音，充分体现了盛唐精神，是后世诗人无法攀登的高峰。

春秋吴国的安防遗迹

张志新

我国古代进入文明社会以后，政治实体的演进、发展，可以规范地表述为“邦国—王国—帝国”三个阶段。吴地的历史也一样。最早太伯奔吴，“断发文身”遵从当地土著的习俗，“荆蛮义之，从而归之者千有余家，共立以为勾吴”，这应该是吴的开端。传五世至周章时，追封太伯于吴，始有“吴国”之称，但这仍是小国寡民式的邦国阶段。太伯十九世孙寿梦时，吴始强大，称王并始有纪年。这时的吴国开始进入“王国”阶段。寿梦之后，只传了六位吴王，战国之初（前473）即被越国所灭。因此，春秋中晚期，应该是吴国作为王国最辉煌的阶段，成为春秋五霸中的重要一霸。当时，吴国的国力非常强盛，军事力量非比一般。吴国的安防自然也是其中重要的一环。

一、诸樊徙吴和阖闾筑城

太伯十九世孙寿梦是个有远见卓识的政治家。他继任王位之后，朝周、适楚、会鲁成公，学习周公礼乐，“始通中国”。寿梦二年（前584），从楚逃亡到晋国的大夫申公巫臣“请役于吴，晋侯许之”，得到寿梦的重用。他教吴射御、车战阵法，建立正规化的军队。寿梦还以巫臣之子孤庸为相，任以国政，并发展经济。苦心经营十数年，吴国才逐渐强大起来。

寿梦有四个儿子：诸樊、余祭、余昧和季札。他认为小儿子季札最为贤能，想把王位传给季札。诸樊、余祭、余昧也都同意父亲的想法，愿意“诚耕于野”。但季札认为父亲这是“废前王之礼，而行父子之私”，坚决不肯继承王位。寿梦只能采用“兄终弟及”的方法，他临终前嘱咐：“昔周行之德加于四海，今汝于区区之国，荆蛮之乡，奚能成天子之业乎？且今子不忘前人之言，必授国以次及于季札。”（《吴越春秋·卷二》），一是希望后继者不要屈居于区区之国、荆蛮之地，而要使吴国成天子之业；二是强调了兄终弟及的传位方法，最后“必授国于季札”。诸樊牢记并践行父亲的嘱咐，他继承王位之后所做的第一件大事，就是“徙吴”。迁吴至于何处？根据宋代范成大《吴郡志》、明代卢熊《苏州府志》和《吴县志》《香山小志》等方志记载，以及现场调查情况判断，徙吴之地当在今胥口、香山附近，谓“南宫”。“南宫”是相对于“太伯所都为吴，城在梅里平墟，今无锡县境”（《吴越春秋·吴太伯传》）的北城而命名的。

从诸樊徙吴，到后继者余祭、余昧、王僚四代吴王当国，五十多年里，尽管他们伐楚，伐越，通晋，救徐，抵御楚、陈、许、顿、沈、徐、越等国的联合进攻，在吴国强国富民的伟业中起过很大作用；尽管南宫对于吴国政治、军事、经济、文化的作用和地位，已明显超过寿梦之前十九代吴王所居之旧城；但是，他们并未在新徙之地建造城郭，而是一直保持着“北城南宫”的局面。直到阖闾称王之后，听从伍子胥提出“凡欲安君治民，兴霸成王，从近制远者，必先立城郭，设守备，实仓禀，治兵库”的建议，才委派伍子胥相土尝水，构筑吴大城，并迁都于此，这才有了真正意义上的都城安防设施。那么，吴大城的遗址究竟在哪里？随着木渎春秋古城遗址的发掘，问题已逐渐明晰起来。不过，阖闾时伍子胥率众建造的吴大城究竟是今苏州古城，还是木渎古城，目前争论尚多，这里不作展开。可以肯定地说，阖闾筑城使吴国的安防上了一个台阶，其中，“吴小城”“伍子胥城”“鱼城”，以及为吴王子所筑的“摇城”“北武城”“无锡城”，吴王夫差所筑的“邗城”等，都是极具安防意义的。

二、吴地群山上的神秘土墩

苏州城西，丘陵起伏，群山逶迤。在这些山头上，有着一个个高起的“土墩”。

这些土墩究竟是什么？何时筑在山头上，又有什么作用？20 世纪 50 年代初，江苏省文管会的朱江同志曾在吴县的五峰山发掘过三座这样的“土墩”，揭开了探究“土墩”奥秘的序幕。朱江同志初步弄清了“土墩”的结构和内涵，并取“风水墩”的谐音，定名为“烽燧墩”。60 年代，浙江的考古工作者在吴兴和长兴之间的苍山上也发掘出了这样的土墩，认为它是古代的“战堡”。

调查发现仅光福地区就有这种土墩260多个。光福的安山，山虽不高不大，但地处太湖东岸，北望无锡军将山、马迹山，南望洞庭东西山和胥口渔洋山。山下扼吴王泛舟之下崦湖和太湖相通的水道——铜坑口。弹山，是光福群峰之冠。山上的几个土墩之间还有一道石墙相连，形式很像缩小了的“长城”。1981年5月，南京博物院和吴县文管会在安山上发掘了3个土墩。与此同时，苏州博物馆在上方山、常熟虞山，南京博物院和中山大学在五峰山和借尼山进行了不同规模的发掘，弄清了这些土墩的内部结构。这些墩看似土筑，其实内部都有以石块叠筑的长方形平面，剖面为梯形，顶上是以大石块覆盖的石室。安山5号墩的石室长12米；借尼山的石室内高近3米，石壁平整如墙；虞山石室的一端带有喇叭口的通道。上方山土墩是所发掘的土墩中最高大的一座。这座土墩长42米，宽23米，高7米多。墩内的石室长9.6米，宽1.84米，高6.15米，石壁厚达1米以上，外口的通道长10余米。石室顶部以150厘米×90厘米×60厘米的大石块覆盖，石块上还有六七十厘米厚的泥沙混合土层。其他山头的土墩石室形制虽小一点，但结构基本一样。

在这种土墩石室中，常常有以几何纹硬陶和原始青瓷器为主的文物出土。在不少墩中，还发现了大量的草木灰、木炭、红烧土块和禽兽骨。上方山6号墩内还发现了一座泥条盘筑的灶，灶内满是炭屑块；门顶和两壁有大面积的烟炱。根据中国科学院碳十四测定，判定这些积炭距今已有2 910±75年，说明这些土墩石室是春秋时代吴国统治这一地区时建造并使用的。

光福安山上的藏军洞遗迹

提到这些山头上的神秘土墩，人们马上会联想到西周末年周幽王“烽火戏诸侯”的故事。周幽王无故举烽燧，调动全国兵力以博褒姒一笑，以至国破家亡，身败名裂。故事中的烽燧实际上是古代边防报警时常用的两种信号：“昼则燔燧”，以望其烟，因为烧烟常用狼

藏军洞内景

粪，所以有“狼烟”之称；“夜乃举烽”，以观其火，因而又有“烽火”之谓。《后汉书·光武帝纪·李贤注》记载：“边防警急……有寇即燃火，举之以相告……”又注云：“台上作桔皋，桔皋头有兜零，以薪草置其中，常低之，有寇即燃火，举之以相告……”“桔皋”是一种可以上下牵引的木制机具，而“兜零”则是一种盛狼粪、薪草的笼子。这种装有桔皋和兜零的土墩，在边防线上每隔一定距离，就有一座。一旦发现有敌人来犯，立即举火、燔烟示警，报警信号一节传递一节，做好迎战准备。看守这些墩，负责举烽、燔烟，有专门的守军，被称为“烽子”。《太白阴经》对“烽子”的分工，作了记述：“一烽六人：五人为烽子，递如更刻，观视动静。一人烽率，知文书、符牒、传递。”

关于这些土墩，苏州地方志中也有很多记载。《吴县志》横山条记载：“山之岭九，九岭各有墩，中空，为藏军处。《图经续记》云：‘此山镇郡西南，临湖控越，实吴时要地’。”《吴兴掌故集·山墟类》记载：“吴憾山，相传吴王夫差憾勾践之伤其父，举兵伐越，筑垒于此。”《吴县志·古迹门》记载：“望越台，俗称‘烟火墩’，吴王时所筑。”《太湖备考·洞庭东山条》记载：“碧螺峰西之墩为演武墩。”天池山古地图上，则将天门楼西的这种土墩石室标注为“藏军洞”。

当地还有许多民间传说，如五峰山一带的人传说“秦始皇北筑长城南筑墩”，把这些墩的作用与长城的作用相提并论，反映了平原水乡军事设防的特点与形式。

尧峰山东南，旺墩大队的社员介绍：“站在旺墩山上可以看太湖。”旺墩山是七子山主峰南部突出的一支，位居七子山南另两支中央，山上也有一座高大的土墩，群众称其为“旺墩”。“旺”当是“望”的谐音，明显

借尼山藏军洞外景（白色的为土墩石室发掘现场）

地带有瞭望之意。当地群众曾于此挖到过横梯格纹原始瓷罐等文物。从地形看，它紧临当时由太湖进入内陆水道的白洋湾，后称“越来溪”，相传是越兵攻入吴都的运兵河道。

历代的文献记载和民间传说，对这些土墩石室的性质与作用有着比较一致的说法，都认为它们是古代的军事和安防设施。

三、神秘土墩——吴国的“长城”

到过长城的人，都对其雄伟的气魄赞叹不已。长城始筑于西周时期，晋国为了防止秦、楚两国入侵，建造了中国历史上最早的长城。春秋、战国时期，各诸侯国为了互相防御，都在形势险要的地方修筑长城，称之为“边墙”。秦始皇灭六国完成统一大业以后，为了防御北方匈奴南侵，于公元前 214 年将秦、赵、燕三国的北边墙修缮连贯为一，这就是今天所说的万里长城。

春秋时期，地处江南的吴国也曾据雄称霸，吴国有没有筑过长城呢？《吴越春秋·吴太伯传》有这样的记载：太伯奔吴之后，“荆蛮义之，从而归之者千有余家，共立以为勾吴。数年之间，民人殷富。遭殷之末世衰，中国侯王数用兵，恐及于荆蛮，故太伯起城，周三里二百步，外郭三百余里，在西北隅，名曰故吴，人民皆耕田其中”。吴国为了防止“侯王用兵，及于荆蛮”，也筑了“城”，除了“周长三里二百步”的宫城之外，还有三百余里的外郭。“人民皆耕田其中”，说明外郭包容了吴国的领土疆域。这种外郭，应该就是具有军事意义的防御设施——边墙，也就是吴国最早的“长城”。

吴王阖闾当政时，吴国的疆域甚为广大，《吴越春秋》记载阖闾也曾因“吾国僻远，顾在东南之地，险阻润湿，又有江海之害，君无守御，民无所依，仓库不设，田畴不垦”，而委派伍子胥因地制宜筑城郭，设守备，以达到“安君治民，兴霸成王，从近制远”的目的。伍子胥受命于吴王，相土尝水，建造了“周围四十七里，陆门八，以象天八风，水门八，以法地八聪”的吴大城——吴国的都城，至于其郭——包络吴国疆域的边墙“长城”，史籍未有更详细的记载。

其实，对于这些土墩石室，不应该一个一个孤立地去考察，而应该宏观地、从整体布局上去研究。

春秋时期，各国都十分重视军事，吴国同样如此，大军事家孙武曾向吴王阖闾献兵法十三篇，其《地形篇》就有：“地形有通者，有挂着，有支者，有隘者，有险者，有远者。”“我可以往，彼可以来，曰通。通形者，先居高阳，利粮道，以战则利。”这说明了先占领制高点的重要性。所以，安山、胥山，临太湖东北梢的七子山、上方山上，这类设施既多又大。另外，吴越两国，地隔宽阔的太湖，特殊的地形条件决定了双方作战的主要手段是水上机动、登陆决战。当时，在广阔的水面上提前发现敌人的攻击方向，是关系到战争胜负的首要问题。因此，利用“高陵勿向”的高地，建筑“藏于九地之下”的石室，屯兵驻守“居高阳以待敌”，形成“一虎当溪，万鹿不敢过”的态势，这些都是孙武历来所主张的。在这些土墩内的驻兵，平时担负着瞭望、观察的工作，以发现敌情；临战时，发出信号，指示敌方的动向。显然，石室土墩应该是临战时的信号指挥系统，并且还是平原水网地区积极防御的阵地设施。

吴国地处低山水网“有江海之害”“险阻湿润”，同时吴国的国境又在不断的变迁之中，没有很固定的国境线和作为屏障据险可守的延绵山岭。“因地制宜”地筑造土墩石室，正体现了孙武的军事思想，达到了“边墙”和“长城”的效果。因此，这些墩就单个来说，应该是“藏军洞”，是“战堡”，是“烟雾墩”或“烽燧墩”；就群体而言，应该是吴国筑造的特定形式的长城，它们是当年最重要的安防设施，非常了不起。

城池篇

城市安防的演变发展

谢勤国

居民点的拓展是随着聚居民众数量的增加而变化的，由村落至集市，由乡镇到城邑，持续发展，逐渐成为城市。有大量人口聚集的居民点，鱼龙混杂，良莠不齐，保障大多数民众生命财产的安全是城市管理者不可推卸的责任。

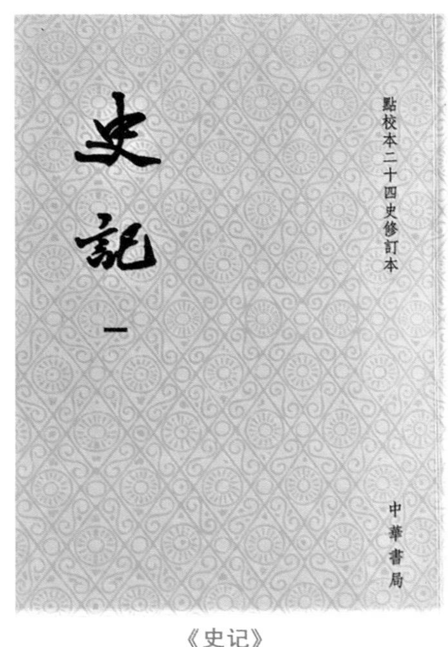

《史记》

一、宵禁与巡更

白天，人类活动频繁，在光天化日之下，管理人员的安防工作相对容易些。而漫漫长夜有夜色作屏障，就给管理者增添了安防的困难。“宵禁”是简单而直截了当的安防手段。命令来自城市的主官，都城更是出于皇命。晚上，关门熄灯进入梦乡是百姓们一日劳作的休憩，在街巷中行走便有犯罪的嫌疑。所以，古代官员对犯人有一种判断：“夜入民宅，非奸即盗。”司马迁在《李将军列传》中的一段记录反映了犯夜的真实写照：

家居数岁。广家与故颍阴侯（灌婴）孙屏野居蓝田南山中射猎。尝夜从一骑出，从人田间饮。还至霸陵亭，霸陵尉醉，呵止广。广骑曰："故李将军。"尉曰："今将军尚不得夜行，何乃故也！"

这说明在当时宵禁制度是被严格执行的。传说项羽烧毁阿房宫，东还彭城是听了童谣"富贵不还乡，犹锦衣夜行"。晚上穿了锦衣外出是没人看的，因为路上根本没有人！

与宵禁同时实行的是巡更。把长夜平均分作五段，称"五更"，值夜巡行的称"更夫"。更夫手持梆子和铜锣，每更到点便击梆敲锣，提醒凌晨操劳的手工业者（如做豆腐的）。城市的中心设有钟楼与鼓楼，鼓楼上置沙漏计时，到点击鼓，然后各处巡更人员应声敲更，称"更漏"。苏州把鼓楼设在城门上的城楼中，所以，苏州有俗语"六门三关五鼓楼"。

二、坊市之建

城市居民贫富差距很大。官宦富户的深宅大院有高大的围墙和森严的门禁；平民百姓则用矮垣或栅篱把住宅与外界隔离，安全系数小了很多。

为了使城市居民获得同等的安全防护，自唐代起，城市中开始建立坊市。以都城长安为例，皇帝的宫城位居城北，宫城南侧的正门为朱雀门。朱雀大街把城市分为东西两部分，设置"万年"与"长安"两个县衙。每个县都有一个交易的集市，称"东市"和"西市"，位于朱雀大街北端的两侧。而居民区都划成面积相近的长方形，称作"坊"。坊四周建有高大的围墙。南墙正中建两柱冲天牌坊。门额书两字坊名，下置两扇木制大门，朝开夜阖。西侧万年县、东侧长安县各设 60 个坊。城中共有 120 坊，是同时代世界上规模最大的城市。

今日兴市桥

在唐代，苏州也模仿长安的格局，以城中大街为界，西为吴县，东为长洲县。长洲县是武周万岁通天元年（696）设置的。苏州古城以乐桥为中心，桥下河道两岸就是交易的集市，向东西两个方向延伸。东侧集市的尽头就是"尽市桥"。时间长了，有人认为"尽"字不吉，改作"兴"字。"兴市桥"如今跨干将河，南堍是官太尉桥（巷名）。其附近又有

今日白显桥

“白蚬桥”，苏州水域盛产小型淡水贝类，称“蚬子”，肉质鲜嫩。商贩在经营时弃蚬壳于此，经过风化黑壳成了白壳，在桥旁堆积，桥名便成了“白蚬桥”。又有人废物利用，将蚬壳铺在泥泞的土路上，就出现了“南蚬子巷”和“北蚬子巷”。随着时间的流逝，上述桥名、巷名中的“蚬”讹作“显”，“白蚬桥”就成了“白显桥”。乐桥西侧宋代名为“西市坊”，后改为“铁瓶巷”。

唐诗中称苏州“人稠过扬府，坊市半长安”。城中 60 坊正好是都城长安的一半，而人口密度已经超过了扬州。

唐代城中的坊市到宋代还继续沿用，北宋《吴郡图经续记》中记载：“《图经》坊、市之名各三十，盖传之远矣。”南宋建炎四年（1130），金兵南下，平江府被占领，宋人北撤时放火烧城，“大火五昼不绝”。战争结束以后，城市得到重建，范成大在《吴郡志》中以乐桥为中心点把古城划分为四大区域，共有 65 坊。虽然经过战争的破坏，南宋重建后坊市数量还增加了 5 个。

现在姑苏区内尚保存着一定数量的唐、宋坊名，还招来有心人访古溯源。如昼锦坊原是北宋官员程师孟告老还乡所建，功成名就，衣锦还乡。朱长文贺诗有句：“中吴昼锦如君少，好作坊名贲故园。”显然这是呼应项羽的故事，要昼日（白天）穿着锦缎回乡。昼锦坊位置就在今新市路西端南侧。可是，21 世纪初在新市桥东堍建了一小区，名“画锦坊”，“锦”岂是“画”出来的？原来繁体字“晝（昼）”与“畫（画）”仅一笔之差，开发商认错了字！

坊市的建设大大提高了居民的安全感，也让城市管理减少了许多安防烦恼，而宵禁、巡更等措施也一直保存延续到了民国时期。

如今，科学技术的发展给城市安防带来福音，电的使用让城市有了道路照明，各种灯具的升级换代使现代城市成了“不夜城”。光伏技术的运用突破了长距离敷线供电的瓶颈，让乡村道路也获得了夜间照明。计算机监控设备的投入对犯罪分子有巨大的威慑力，使城市安防迈上了一个新的台阶。

古代城市安防设施举隅

岳天懿

随着经济的飞速发展，越来越多的人已搬入城中生活，城市的安防自然成了人们日益关心的话题。城市并非现代人的发明创造，城市安防的观念、设施与相关制度，已有数千年的历史了。

一、古代的城市

谈到古代的城市安防，需要先谈谈古代的城市。对比一下老照片，不难发现，我们今天生活的城市，与几十年前的面貌已大不相同。至于几百年乃至几千年前的城市，似乎更难想象。所幸，借助两个渠道，仍然可以洞悉过去。一是历史文献的记载，一是出土的实物遗存。一代代历史学家和考古学家的辛勤耕耘，使我们得以对那些曾经辉煌一时、如今深埋地下的古代城市有所认识。

传世的文献、图画与石刻资料是弥足珍贵的，这是我们了解过去的一把金钥匙。但这些记载并不全面，尤其是许多古城在文献中只有寥寥数语的记载，于是寻找古代城址遗迹便成了另一条重要途径。考古学家往往将已发掘的城址分成两大类，一是旷野型城址，一是古今叠压型城址。所谓旷野型城址，是指古人曾经生活过、在后世被废弃的都城遗址，至现代，它们已沦为旷野而鲜有人居住。如辽代兴建于草原中的都城辽上京，到元代已经成为牧场。所谓古今叠压型城址，往往指同一个地点，层层叠压着的不同时期的城市遗存，往往有现代的城市建筑覆盖在古代的城市遗存之上。今天的苏州古城，便是典型的古今叠压型城址。

二、古代城市的特征

在谈古代城市安防之前，有必要先回溯一下中国古代城市的特征。首先需要说明，我们今日理解的城市，一般是与农村相对的、一定区域范围内人们活动的重心所在，既是人们聚集的中心，也是各类政治、经济、文化、教育资源汇聚的中心。古代城市，固然也是古人聚居之所与区域活动中心，但从物质形态到生活于其中的人们的日常活动来看，却与现代城市有很大的不同。

放眼历史，不同时期、不同地区的城市差别甚大。中国古代的城市，不仅与西方不同，就其自身而言，亦有诸多不同的形态，其变化绝非寥寥数语所能概括。新石器时代，人们不是生活在城市中的，当时只有或大或小的聚落，它们是人类社会长期发展的产物。最早的城市，是经济发展的产物，还是与政治权力的分配相关，抑或与人们所居之处的自然地理存在关联，至今众说纷纭。从史前至先秦、汉、唐，直至后来的宋、辽、金、元、明、清，每一阶段都有不同的时代风格，每一城池亦有其独特的个性，造就了古代城市内部的多样性。我们虽然无法概述中国古城的种种风貌，但却可以把握其中的一些关键性特点。

首先，城市具有重要的等级性。这种等级上的差异，既体现于地域——都城、京城、地方州县，各有其规模与定制。都城必定是一个时代最璀璨的中心；又体现于“人”，这在历代都城中体现得尤为明显——帝制时代，皇帝及贵族们的活动区域往往占据了都城中很大的比重。如西汉都城长安之主体即为皇室宫殿，东汉洛阳城亦是如此。而在此后，随着时间的发展，宫殿在都城中所占的空间比重虽渐次下降，可依旧宏伟壮观，且帝王所居之宫城与普通人的居所是有严格界线的。如唐代都城长安，从平面上看分为外郭城、皇城、宫城三重，至唐玄宗时，在整个城内有太极宫、大明宫、兴庆宫三大内宫。如今，大明宫的遗址之上已建成了考古遗址公园，漫步其上，便可稍稍感知昔日帝王宫廷之气象。

再者，城市具有重要的礼制功能。《周礼·考工记》载，“匠人营国，方九里，旁三门。国中九经九纬，经涂九轨。左祖右社，面朝后市，市朝一夫”。文字背后的礼制思想深深影响到了历代都城的规划与建设，城门开设的个数与位置、街道的数量、中轴线布局的形成、宗庙社坛的布局乃至中古时期流行的里坊制规划，均与其息息相关。在古代中国，城中早已有用于商贸的“市”的存在，但对于以农为本的政权来说，商业并非城市兴建的最初动力。唐、宋之际，经济的繁荣导致了魏、晋、隋、唐时期封闭的里坊制的瓦解，形成了崭新的开放式街巷。然而，都城的规划依旧由统治者对礼的认识来主导。

三、古代城市的安防

对古代城市有了一个基本的概念后，我们自然会对城市的安防设施有更明晰的认识。城市的安防设施是城址的重要组成部分，对此学界已有丰硕的研究成果。以下仅举其中常见者作简要介绍。

城墙，中国古代城市的最明显特征。在冷兵器时代以及火器并不发达的时候，高耸的城墙是守卫城市的重要屏障，也是城内城外空间分隔的界线。城市的这种特征并非一蹴而就形成的。虽然在史前时期，我们已经找到了许多有城墙环绕的大型城址，但从夏、商时期的都邑二里头遗址开始，都邑的外围常常见不到这种城圈，这种现象不仅在商、周时期延续，并还延续到了秦、汉。考古学者许宏先生将这种现象概括为“大都无城”，认为可能是一种“文化自信”的体现。冯时先生认为，当时这些不设城墙的“邑”，与后来由城垣环绕的城郭是不同的形态。不过，在秦、汉以后漫长的历史时期里，城墙几乎成了构成城市的“标配”，以至于中古时期的日本都城外围因缺少这圈城墙，便有学者提出只能称其为“宫都”，而不适宜称其为“都城”。

中国的城墙以土筑为主流，并且在史前时期就从堆筑发展出了夯筑技术。最先出现的是小版夯筑，到商代，人们已经学会了大版夯筑，东周时出现了穿棍等较为先进的架板技术，秦、汉以后又发展出了连片版筑技术。早期的圆形聚落演变成方形的城址，很可能与这种版筑技术的发展有关。秦、汉以后，在一些边疆地区石构城墙尤为盛行。随着技术的进步，宋代以降，在土墙外开始流行包砖，元代已有“砖瓷”。

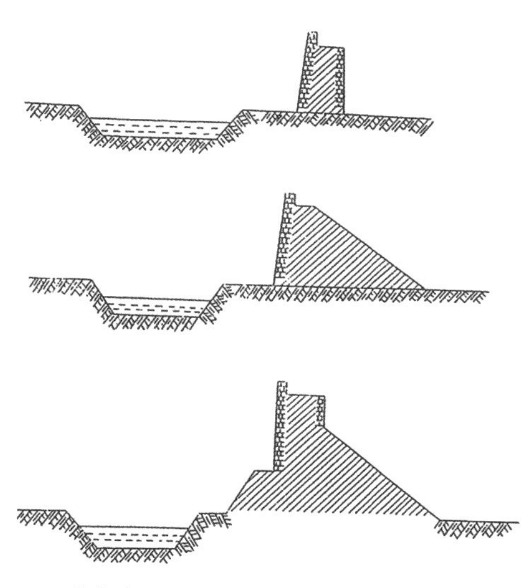
孙华先生绘“古代城墙的三种形态”

城墙上需要有士兵来驻守，因而墙上就有了相应的工事与建筑，如垛口（或称雉堞、睥睨、女墙等），即我们今日在城墙上见到的一高一低连续不断的齿状矮墙，这是军士驻守时的重要屏障。垛口的演变亦有漫长的历史，其源头可能是城墙顶上的木栅、竹篱。又如角楼，建于城墙四角，便于警戒和防御。

仅仅用一层城墙来防御，似乎过于单薄。因此，墙外又发展出许多相应的防御设施。其中较常见的是马面，一种设置在城墙外围的凸出台体。马面的实际功能主要有两方面，一是加固城墙墙体，二是让居于台体上的守军从多个方位向城下的敌人发起攻击。相邻的马面之间可形成交叉火力，增加了攻城的难度。现今的考古发现已经证明，最早的马面在龙山时代晚期已经出现，至今已有四千余年的历史。在城墙主体外，有时会修建一道附加的低矮城墙“羊马城”，宋、元之际还有延伸出主墙之外的“一字城”。除此之外，环绕城墙的护城壕、护城河亦是城墙防御体系的重要组成部分。

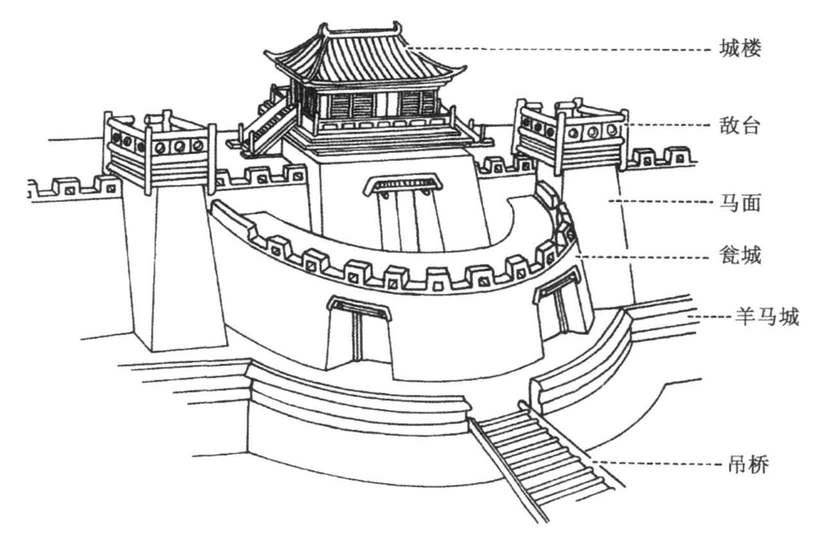

《武经总要》中的城防示意图

有城墙必有城门，墙与门实不可分。平日里，城门是沟通城内外交通的重要交通节点，战时则是兵家必争之所。古代城门的主体，由门道、门道两边的门墩以及门墩上的木构过梁式城门楼组成，还有用于登临城墙的马道等。都城中的重要城门，其城门门洞甚至有五道之多，两边还有出阙，这是等级的体现。宋、元以前，城门楼多是木构的，有机的木质易腐朽，在岁月的侵蚀下，这些木构建筑大多已不复存在，而只有底部的基础仍有些许残留。今天，当我们参观城门遗迹时往往会疑惑，两个门墩之间的过道上为何空空如也？实际上这上面曾经矗立着气派的门楼建筑。宋、元以后，由于火器的普及，原先的木构城门楼被改成了砖砌券顶。保存至今的古城门，多是此类。另外，还有一些城址，其城门处直接起建一台基建筑，上有木构建筑，此类城门大多被称为“殿堂式门址”，并非以防御为主要职能，也非古代城门的主流形式。

唐代大明宫正门——丹凤门，一门五道的过梁式城门

丹凤门复原图

作为防御重点的城门，若直挺挺地面对攻城的敌军，那是十分危险的。解决办法之一就是修筑瓮城。《东京梦华录》载北宋东京（今开封）“城门皆瓮城三层，屈曲开门”，而四正门因留有御路，“皆直门两重”。

城址的安防只靠这些防御设施是不够的，守城最关键的仍然是人。城墙、城门仅仅是安防硬件设施中较重要的一部分，除此之外，还有一整套的门籍、宵禁、启闭、维修制度。再坚固的城防设施，在风雨与战火的侵

元大都和义门

蚀下也难免不被损毁，因此修缮是十分必要的。扬州宋大城北水门遗址发掘中出土了一方石碑，上面记述了该门址于南宋嘉定六年重修之事，所耗物材中包括“砖一十二万二千二百四十口，石版三千八百四十七段，矿灰三十一万六千四百九十八斤……”“用军兵一万八千九百二十二工”。由一城一门之修缮，足见修缮城址之不易。

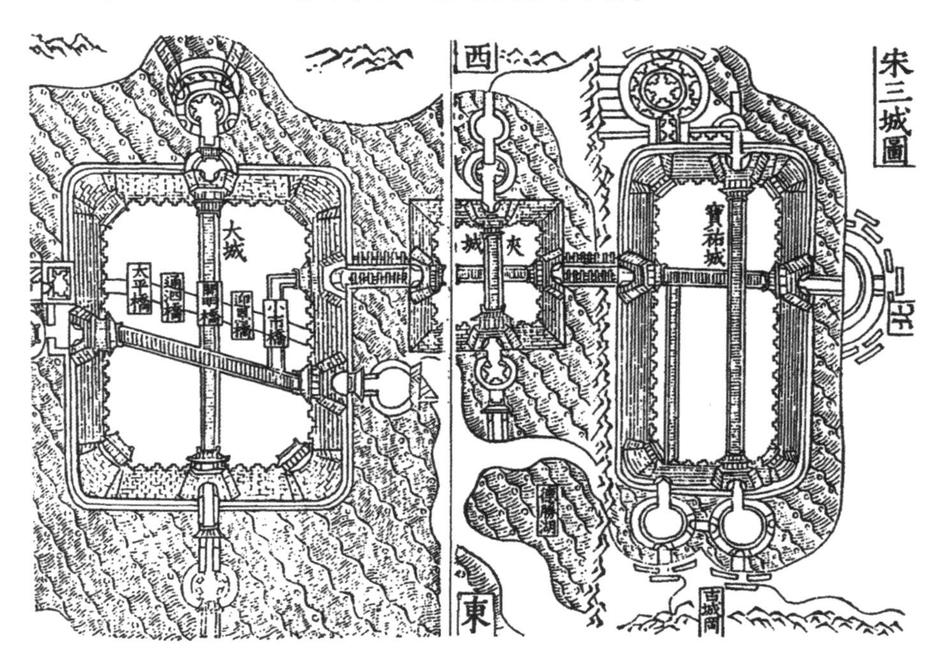

明《嘉靖惟扬志》“宋三城图”绘宋代扬州城概貌

透过物质遗存与文字，我们隐约可以看到那些气势磅礴、震撼人心的城池，城墙内外，是一代代先人的印记和一段段鲜活的历史。

苏州城墙的兴衰与安防意识的变迁

王家伦　谢勤国

本文中的城墙，是指冷兵器时代人们为了应对小规模的烧、杀、抢、掠和大规模的战争，用土木、砖石等材料，在人口聚居处建造的用作防御的障碍性建筑。城墙由墙体和附属设施构成封闭区域，封闭区域内称城内，封闭区域外称城外。在中国古代，“城”的本义指“内城墙”，“城为保民为之也”（《谷梁传·隐公七年》）。后来，城墙有了郭（外城墙）、城（内城墙）和子城墙（城中之城的墙，一般指皇城）的区别。

苏州城墙指围绕苏州古城区的城墙，即一般意义上的内城墙。在2 500多年的漫长岁月里，苏州城墙曾几度兴衰，留下了无数的历史印迹与动人传说，向我们叙说了历代安防意识的变化。

一、年糕筑城：美好传说中的真情

古老的苏州城墙虽然不如陕西西安、河南开封等地的城墙著名，但它同样承载着千年的历史，是苏州古城的重要标志。

苏州人认为筑城始于伍子胥，围绕伍子胥筑城，留下了众多的传说，也留下了一个又一个谜团。其中，最为神奇的民间传说是伍子胥造城时使用了糯米年糕。

伍子胥像

春秋时期，为了防止越国入侵，伍子胥帮助吴王阖闾建成了苏州最早的城墙。城墙完工之时，阖闾摆下盛宴庆贺。席间，君臣纵情欢乐，认为有了坚固的城墙，就可以在霸主的位子上高枕无忧了。然而，“众人皆醉我独醒”，席间，唯一的清醒者就是总设计师伍子胥。他说，两军对垒时，如果阖闾大城被敌人团团包围，吴国就会援尽粮绝。到了那时，大家可去匠门（今相门）城下掘地三尺取粮。席间，纵情欢乐的人们以为这是伍子胥的醉话，无人当真。

阖闾去世后，夫差继位。他听信谗言，逼死了伍子胥。此时，越王勾践已经过十年卧薪尝胆，他背信弃义举兵伐吴。那年的寒冬腊月，越军把阖闾大城团团围住。吴军粮源得不到补充，眼见着城中人就要饿死了。危急之际，当年伍子胥的一位随从记起了伍相的嘱咐，急忙召集大家到相门城楼下掘地，果然发现，城墙基础竟是用糯米粉做的糕砌起来的。于是，大家把糯米糕挖出来食用，终于渡过了一时的难关。

此后每到寒冬腊月，苏州人就会准备糯米糕，表示对伍子胥的纪念。由于寒冬腊月与过年连在一起，所以这种糕又被称为“年糕”。

传说毕竟是传说，成不了事实，但却事出有因。首先，这体现了苏州百姓对伍子胥的爱戴；其次，苏州人制作年糕的技术颇高，做成的年糕久煮不腻，干后不裂，久藏不坏，是闻名遐迩的特产；更为重要的是，糯米确实与砌墙有关，因为古人造墙所用的黏合剂，就是糯米粥拌上石灰、明矾等做成的。

二、黏土筑城：初级阶段的安防

公元前 514 年，伍子胥随吴王阖闾出征回来，奉命“相土尝水，象天法地”，构筑了宏伟的阖闾大城。陆广微《吴地记》中说：“阖闾城，周敬王六年伍子胥筑。大城周回四十二里三十步，小城八里二百六十步。陆门八，以象天之八风；水门八，以象地之八卦。”伍子胥设计建造的“阖闾大城”，就是苏州城的前身。

阖闾大城是夯土版筑。所谓夯土版筑，指筑墙时两边用木板相夹，两板之间的间距等于墙的厚度，板外用木柱支撑住；然后，在两板之间逐步填进黏土，逐层用杵捣紧；最后，拆去木板木柱，使墙站立起来。

筑于春秋末年的苏州城墙，实为土城墙，只有水城门才用到石料和木料。尽管如此，横空出世的阖闾大城也曾一度雄踞东南。

秦始皇统一六国后，置天下为 36 郡，苏州为会稽郡的首府。为了便于统治，实施宏观上的国家安防，秦始皇采纳丞相李斯的建议，拆除各郡县城墙。苏州城墙就此被毁。

直到汉代，苏州城墙才得以重新修筑。

隋统一中国后，出于政治安防的需要，又下诏将各处城墙拆除。苏州为越国公杨素所据，由于受南朝势力影响极大，没有了城墙的防护，政府机构常被各种骚乱困扰。杨素认为，苏州地处平原，无险可守，在安防上没有保障。于是，开皇十一年（591），他把苏州城搬迁到城西上方山东麓（该处至今尚有“新郭”的地名），原苏州城即被废弃。

唐高宗武德七年（624），苏州州治又迁回旧城，城墙在旧址上重建。唐乾符二年（875），平定“王郢之乱”后，苏州刺史张抟再度修筑城墙。唐代刘长卿《别严士元》诗曰：

春风倚棹阖闾城，水国春寒阴复晴。
细雨湿衣看不见，闲花落地听无声。
日斜江上孤帆影，草绿湖南万里情。
东道若逢相识问，青袍今日误儒生。

虽然诗中说的是苏州城的兴衰变迁，但用在城墙的兴衰变迁上也很贴切。

据苏州城墙博物馆统计，盛唐时苏州城墙四周总长为23.5千米，规模比被西方人称为“上帝之城”的君士坦丁堡（21.5千米）还要大。

直到唐时，苏州的城墙一直都由黏土构筑。

三、砖砌城墙：安防更上一层楼

随着火药被运用到军事上，土城墙已经难以抵御敌人的进攻了。

五代时，吴越王钱镠占据苏杭一带，派遣儿子钱元璙镇守苏州。钱元璙重修苏州城墙，改夯土为砖砌，高二丈四尺，厚二丈五尺，内外均有护城河，坚固雄伟，气势远超先前的土城。据现有的资料，苏州是我国最早以砖砌筑城墙的城市之一。

南宋建炎四年（1130）金兵南侵，苏州城遭到了巨大的破坏。后来，苏州城墙经多位知府修治，直到南宋绍定二年（1229），郡守李寿朋重建，才完全恢复了应有样貌。以后，苏州城的格局基本保持下来，城墙、城坊的布局，在《平江图》上有明确记录。这基本上就是现在的苏州古城区。

元朝时入主中原的蒙古人是游牧部落，他们认为城墙有碍骑马驰骋，

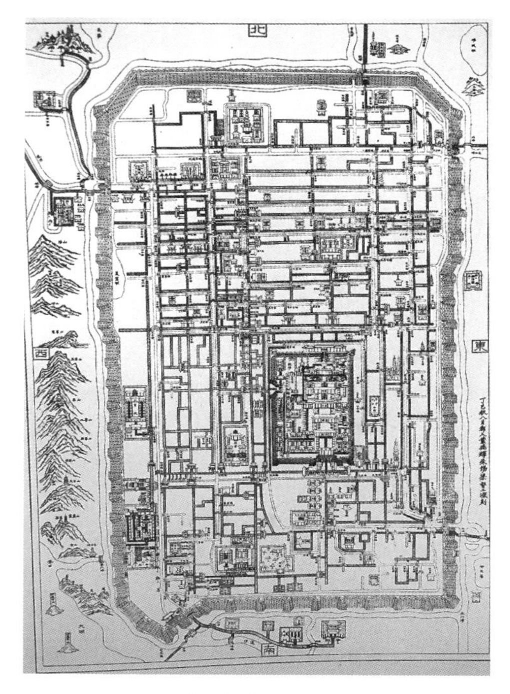

《平江图》

所以，下令拆除各地城墙，苏州城墙再度遭到毁灭性破坏。

至正十一年（1351）起，各地频繁起兵反元，官府为抵抗起义军，又重修城墙，苏州城墙得到恢复，并且加厚了墙体、加深了城濠。

张士诚占据苏州期间，为了加强城防，在阊门、胥门、盘门、齐门、娄门、葑门六城门外增建月城（瓮城）和吊桥，使城市安防又提高了一个层次。

清康熙元年（1662），巡抚韩世琦在原先的基础上改筑城墙，至高二丈八尺，女墙高八尺。今所见苏州砖头城墙及城楼大多为清初所建。

四、拆拆建建：功过是非谁评说

鸦片战争后，面对西方洋枪洋炮，城墙已不再固若金汤；穿梭在城门洞里的两轮黄包车被四轮汽车替代，城墙成了往来交通的“障碍”。

相门今貌

清光绪三十二年（1906），京沪铁路上海至无锡段通车，从火车站进城的大马路修到了石路、胥门一带，高耸的城墙、逼仄的城门成了进城、出城的阻碍。1929—1931 年，为便利交通，先破墙开出一座“新阊门”，但因绕道南新桥不便，又筑成“金门”，废弃并堵塞了“新阊门”。

20 世纪 50 年代，除盘门、古胥门和民国时期所建的金门外，其余城门全被拆除，城墙全部被毁，苏州古城几乎成了“裸城”。这场发生在和平年代的拆城运动，就某种程度而言，其破坏性不亚于战争的浩劫。

“大炼钢铁”时期，城墙多被拆毁，城墙上的石材和城砖被用作砌高炉的耐火材料。

城墙拆除后，从平门到齐门一带建成了公路，基本上就是如今的平齐路，大部分被卸去了城砖的土城基遭受风吹雨打，日渐坍塌。据有关方面统计，20 世纪 70 年代后期，苏州有砖石保护的零散城墙只剩 618. 19 米。

1986 年，国务院批复苏州总体规划时明确了“全面保护古城风貌，积极建设新区”的方针。于是，总长超过 1 400 米的阊门北码头段、平门段、相门段古城墙保护修缮工程开工。三段古城墙诉说了昔日安防的盛况。

苏州城墙的兴衰，见证了数千年的苏城风云，体现了人们安防意识的不断变化。

姑苏安防第一门——阊门

谢勤国

苏州自周敬王六年（前514）伍子胥建城起，最早曾辟陆门八、水门八。历经2 500余年，不断有城门开辟与堵塞，俗语“六城门兜转”，说的是最少时仅开启六门。而现在有记录可查、有城门称号者多达13处，包括鲜为人知、难以确证具体位置的蛇门、赤门、新阊门等，而名声最大的就是阊门。苏州本籍人士习惯在“阊门”前加上前缀，称之为“老阊门”，而其余的城门都没有资格叫“老”。所以。把阊门称为“姑苏第一门”实不为过。

一、吴楚争霸与阊门的设立

气通阊阖碑亭

《吴越春秋·阖闾内传》云：“子胥乃使相土尝水，象天法地，造筑大城。周回四十七里。陆门八，以象天八风；水门八，以法地八聪。……立阊门者，以象天门通阊阖风也。”《史记·律书》载：“阊阖风居西方。阊者，倡也；阖者，藏也。”“立蛇门者，以象地户也”。阊门又称“破楚门”，因春秋时阖闾欲与楚国决战，这里是西出破楚的主要通道，故而得名。“破楚门”表达了阖闾战胜强楚的决心和信心。

当时，伍子胥与孙武向阖闾提出建议：“凡以寡胜众，以弱胜强者，必先明于劳逸之数。昔晋悼公三分四军，以敝楚师，卒收萧鱼之绩，惟自逸而以劳予人也。楚执政皆贪庸之辈，莫肯任患，请为三师以扰楚。我出一师，彼必皆出。彼出则我归，彼归则我复出。使彼力疲而卒惰，然后猝然乘之，无不胜矣。”阖闾采纳了他们的战略方案，并付诸实施。周敬王九年（前511）吴攻楚、夷、潜、六等处，楚军往救，吴军还。后吴军复攻楚弦地（今河南息县东南），楚军往救，吴军又退。楚国被吴国惹毛了，前508年，令尹子常率军攻吴，吴军于豫章击败子常，顺便又攻取了巢，吴国将疆域西拓至巢湖地区，建立了伐楚的前哨基地。这次胜利极大地提高了将士们的士气。

春秋时期，楚国与齐、晋、秦并列为四大强国，吴国偏居东南一隅，要征服楚国绝非易事，只能耐心地等待机会。后来机会果然来了，蔡、唐两国原是楚国的盟国，因被楚国欺负，两国国君向周敬王投诉，因为他们是周的同姓诸侯。在周王室的支持下，晋、宋、鲁、卫等中原16国伐楚；但中原各国各怀鬼胎，逡巡不前。伍子胥遂向阖闾建议：“夫助蔡、唐显名，破楚厚利，机不可失！”孙武分析：“楚之强原有属国众多，今周室倡导伐楚，十六国中近半数原是附楚之国，转而从晋，人心怨楚，此楚势孤之时也！”阖闾下了决心，拜孙武为大将，伍子胥、伯嚭为辅，以弟夫概为先锋，兴兵六万，号称十万，自阊门而出，浩浩荡荡，水陆并进，直奔楚地。首战柏举告捷，乘胜追击，五战皆胜。楚昭王携幼妹弃郢都（今湖北江陵市纪南城），逃亡云中。吴军兵不血刃，入于郢都。

吴国西破强楚，天下震动。春秋以来，齐桓、晋文、秦穆等强国霸主与楚相持都成均势，从未有彻底的胜利。这一次小小的吴国差点把强大的楚国战败了，创造了以小胜大、以弱制强的奇迹。阊门成了真正意义上的“破楚门”，在史书上写下了浓墨重彩的一笔。战争的实践证明，有效的进攻才是最好的安防。

二、从两晋到元末的阊门

西晋太康十年（289），陆机、陆云兄弟来到洛阳，他们发现洛中人士对江南风物知之甚少，于是陆机写了《吴趋行》介绍吴郡：“吴趋自有始，请从阊门起。阊门何峨峨，飞馈跨通波……”诗中把阊门作为代表，以此向中原才俊宣扬吴郡（苏州）实乃江南文化之翘楚。

隋炀帝大业六年（610），运河江南段开凿完成，自此，沟通五大水系的大运河全线贯通了。运河主航道自枫桥沿上塘河出渡僧桥直趋阊门。环城河在阊门外分为两支：向南是主航道，沿城西至盘门向东，再过蛇门折南直通杭州；北支向北折东可入常熟塘、娄江通长江，还能自相门塘入吴淞江。而阊门是这内河航道的重要节点，对城市的安全与经济发展起着不可替代的作用。

唐代诗人韦应物曾于贞元四年至六年（788—790）出任苏州刺史，他在这里赋下了“独鸟下高树，遥知吴苑园。凄凉千古事，日暮倚阊门”的诗篇。宝历元年（825），另一位诗人白居易来到这个江南唯一的雄州担任地方长官，他登上此处城楼，写下了《登阊门闲望》：“阊门四望郁苍苍，始觉州雄土俗强。十万夫家供课税，五千子弟守封疆……”白居易曾组织开凿了东起阊门、西至虎丘，直通白洋湾的山塘河，既方便了去虎丘胜迹观光的游人，也减轻了上塘河主航道的运输压力。在阊门西侧，上塘河与山塘河汇合，护城河向南称南濠，向北名北濠，又有水城门通向城里的中市河，此处河道分五个方向，组成了“五龙汇阊”的水上景观，而中市河西端城外有桥就叫“聚龙桥”。

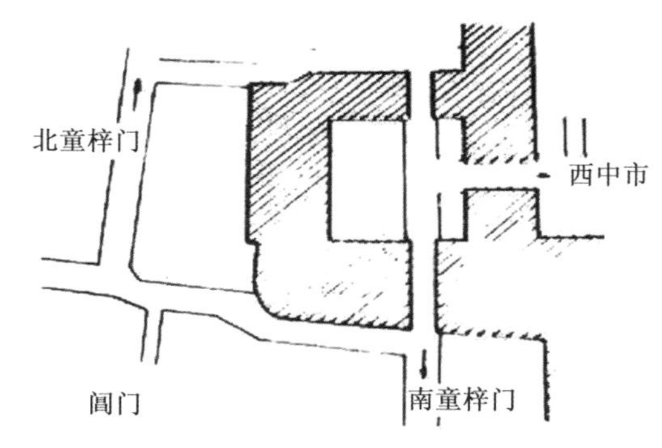

阊门示意图（一）

到了元代，城市长官达鲁花赤将阊门改名为“金昌门”，可是得不到苏州老百姓的认可。元末，苏州民众箪食壶浆迎接张士诚的义军入城。

张士诚为了筑固城防，在六个城门外皆建瓮城，从今天保存的盘门瓮城来看，这种防卫设施令侵犯者伤透脑筋。六个瓮城各有各的模样，绝无重复。阊门的瓮城东通城内西中市，向南有南童梓门（今南新路），向北辟门通水城门和北童梓门至吊桥。

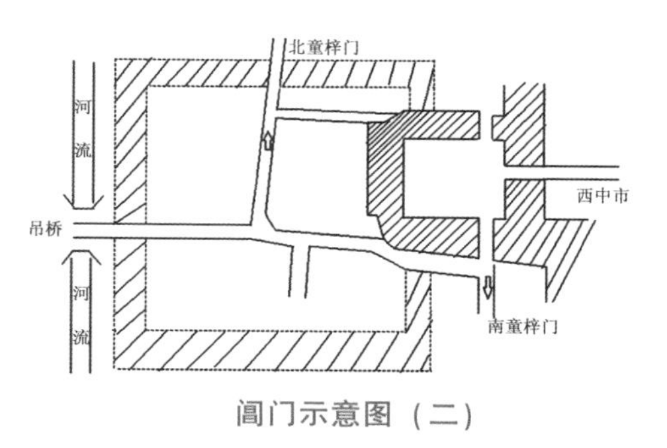

阊门示意图（二）

2004年对阊门瓮城遗址进行发掘，发现此处瓮城呈“凸”字形，上图所示仅为东侧的“凸”字上半部，而西侧范围大于东半部，西向门通吊桥，北向经北童梓门绕入东侧，是一个双重瓮城。实际上，这就解开了吊桥远离城门的疑问。根据对考古发掘的理解，以及实地观察，笔者试对“阊门示意图（二）”作示意性修订，见虚线部分。

所谓童梓门，指的是墙上开洞的比较简单的非正式城门。据说，它最早被百姓形象地称为“洞子门”，吴地文人用谐音雅化为“童梓门”。

当徐达、常遇春围困苏城时，这些防卫设施在苏城兵民的通力合作下，坚守了十个月方才陷落。

三、明洪武以来的阊门

明太祖朱元璋对东南百姓支持张士诚守城恨之入骨，洪武元年至三年（1368—1370），他将张氏部属、苏松富户及贫民强行迁移至江淮之间，共计 24 万余户。这段历史正史无载，改革开放后，苏州市地方志办公室参阅大量资料与宗族家谱，才解开了谜团。

苏北、淮北上百支大族有着“梦回苏州”的传家故事和“家在苏州老阊门”的祖训。当年被皇命驱赶，在阊门登上航船，背井离乡走上不归之路，一路泪水洒满运河。苏州文史工作者将这段故事取名为“洪武赶散”。这个历史的悲剧同时也将苏州发达的文化、高超的手艺及高明的经济策略向远方拓展，对明代经济起了重要的推动作用。21 世纪初，苏州在阊门外山塘街口建造八角重檐的“朝宗阁”，吸引了全国各地来苏州寻根的原籍乡亲。朝宗阁内八面墙上展示着明初被迁走的宗族姓氏及分布状况，于是，“阊门寻根”成了苏州旅游文化中一个崭新的活动，且参与人数呈逐年增长的趋势。

明中期，倭寇频繁骚扰中国东南沿海地区，苏州府城及属县常熟、太仓、昆山均遭其蹂躏。嘉靖三十三年（1554），一支倭寇意图攻掠苏州。兵备副使任环与总兵解明道率兵出击，在上津桥与倭寇遭遇，一战击败来犯者取得胜利。为了防患于未然，嘉靖三十六年（1557），巡按御史尚维持在枫桥以东运河沿岸建造了三处关隘，分别是枫桥的铁铃关、下津桥畔的白虎关和普安桥畔的青龙关，为阊门西侧增加了三道防线。三关建成以后，苏州再也没有倭寇来进犯了。

明代的阊门是苏州最繁华的地方，商肆密布，樯桅林立，素称“金阊门”。阊门附近有六座著名的码头：环城河东侧沿城有南码头、太子码头、北码头，城内中市河西端有盛泽码头，城濠西侧有万人码头，山塘河西岸有丹阳码头。苏州人用来夸耀见过世面者所说的“闯过三关六码头”，其实就是从阊门到枫桥走一圈，但也说明在这个范围内有来自全国各地的三教九流，常与这些人接触自然见多识广。繁华的阊门是苏州经济最发达的地方，丰厚的商业利润确保了全城百姓安定富裕的生活。

清咸丰十年（1860），阊门遭到了前所未有的劫难。5 月，李秀成攻破江南大营，率太平军一路向东南进攻，兵临城下。总兵马德昭率兵勇守城，马认为阊门城外的民居有利于敌军登城，便下令烧毁沿途民居。他的部下趁机挑南濠、上塘、山塘等“市廛殷实处”放火，并且趁火打劫，一场人为的大火烧了三天，将阊门一带大片繁华地区烧成了废墟。

同治二年（1863）十二月，李鸿章率淮军和洋枪队重占苏州，将其兵营设置于上塘河北岸的火后废址上。以后的北洋政府、国民党政府、日伪政府都将此兵营沿袭使用。新中国成立后，这里成了解放军的驻地，仍称为“北兵营”“南兵营”，成了全市人民的安防保障。

今日阊门

1998 年末，“阊门遗址”被列为苏州市文物保护单位，2004 年对瓮城的地基进行考古发掘，共出土单体文物 12 件，并有大量宋、元、明碎瓷片和玉料。以后，又重建了三拱城门与城楼，城楼檐下悬挂“气通阊阖”匾额。从西部城外（吊桥一侧）望过去，陆门三道拱圈并列，中间通汽车，两边是非机动车道；而三道拱圈的北端，就是水城门。2012 年，又对阊门南北两端城墙进行修缮，兴建了北码头民国风情街。

今天的阊门，仍是人们心目中的“姑苏第一门”。

姑苏西南安防城关——盘门

谢勤国

周敬王六年（前514），吴王阖闾命伍子胥筑春秋吴国都城，盘门为吴都八门之一。盘门并不像“盘子”，它古称“蟠门”，因当时吴、越两国为世仇，故吴国在城门上悬挂木制蟠龙，以震慑越国。后来，因“水陆相半，沿洄屈曲”的盘旋特征，“蟠”也就演变成了“盘”。

元世祖至元十二年（1275），伯颜破平江府，改建江南行省。第二年置平江路（行政区），以降将王邦杰为总管。同年12月，王邦杰下令拆除平江城墙，以示无异心。但至正十一年（1351），红巾军起义爆发，天下响应。平江路的官员住在一个没有城墙的地方，顿时失去安全感。为了安全防护和维持统治，平江路廉访使李铁木儿、达鲁花赤六十、太守高履征发十万民工重铸城垣，辟阊、齐、娄、葑、盘、胥六门。盘门即为当时修筑，而瓮城则是至正十六年（1356）张士诚增建。明初、清初和晚清都曾进行过修缮。

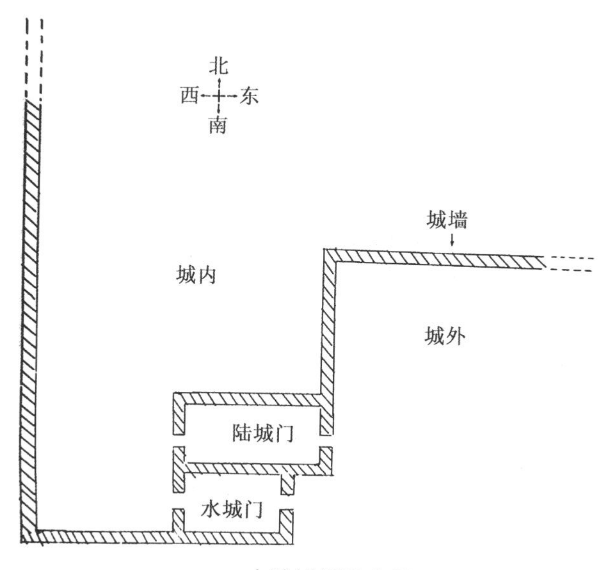

水陆城门示意图

现存的盘门与南宋平江图碑所绘方位相符，总体布局和建筑结构基本保持了元末明初旧观。为适应古代防御战，城墙上设置了锯齿形雉堞、女墙、射孔等。盘门置有水、陆两门，南北并列，总平面呈曲尺形，是苏州现今唯一保存完整的古水陆城门。

盘门在苏州的西南角，按理来说，城门不是向南开就是向西开。然而，苏州城墙却在西南部向南伸出一块——城门向东开。或许，这意味着针对的是东南方向的越国，这样，就和“蟠”对应了起来。

盘门水城门

陆城门不难理解，一般城池都是如此。陆城门内有一条坡度约为20度的城墙跑马道，直抵城墙顶上，有巨砖铺成的宽阔平台。站在平台上能看到整个陆门、水门、瓮城的全貌。

水城门的设置颇具特色，从平江图可知，苏州古城区内河道纵横交错，很多人家枕河而居。城内河道与护城河以及城外的河流主干道相通，多数苏州人出行主要靠船。水城门是沟通西南角城内外的唯一水路通道。内外两道水城门由花岗岩石构筑，高大的城门洞，可容两船并列而过。每重门都有巨型闸门，以控制水流。

在这里我们还要说说瓮城。

盘门瓮城

瓮城，又称月城、曲池，是古代城池中依附于城门，在城门内或者城门外加筑的小城。瓮城的高度与大城大致相同，是与城墙连为一体的附属建筑，为城市的主要防御设施之一。瓮城大多呈半圆形，少数呈方形或矩形。圆者似瓮，故称瓮城；方者亦称方城。当敌人攻破外城门进入瓮城时，守军立即将内城门和外城门关闭，对敌形成“瓮中捉鳖”之势。显然，设制瓮城增强了防御能力。

盘门的瓮城设置在城外，陆城门内外两道城垣构成约 20×20 米的“方块”，古时城市守卫，可将敌人诱进外城门，然后突然关闭，城上矢石齐下，全歼入侵之敌。

水城门也是内外两道，两道城门之间的空间虽不大，但也能起到瓮城的作用。

开关城门的任务由绞盘车担任，也就是说，瓮城的闸门上方有一条槽，守卫者在城头上根据需要，通过绞盘车提升或放下闸门。

盘门绞盘车

看了以上介绍，我们对“水陆相半，沿洄屈曲”的特征有了了解，对于绞盘门的设计者和建造者，我们不得不拍手喝彩。

姑苏东北安防重镇——娄门

谢勤国

娄门是春秋时期伍子胥建阖闾大城时所辟八门之一，位于苏州古城东北隅。在苏州历史的长河中，古城城门时有新辟与堵塞，最少时仅剩五个。不过，娄门始终是开启的，可见此门对于古城的重要性。

今日娄门

一、娄门的开辟与命名

娄门外有一条大河一直向东，经昆山，越太仓，至刘家港，直入长江，这就是娄江。娄江之名可上溯至大禹治水的年代。帝尧时，连续九年洪水，禹吸取乃父失败的教训，改用疏导之法，将洪水引入大海，终于获得成功。太湖流域地势低平，是当时的重灾区，大禹在此地疏通了三条大江，将太湖潴留之水泄入东海，使这里变成了重要的粮食产区。《尚书·禹贡》记载："三江既入，震泽底定。""震泽"就是太湖的别称。三江从北到南分别是娄江、吴淞江、东江（其上游已淤塞，自淀山湖入长江的一段即是今黄浦江）。娄江之源是太湖，自娄门西溯，故道已不可寻，故现在有娄江源于娄门的说法。但娄门的名字应从娄江而来，因为"娄江"之名早于"娄门"之名一千余年。

志书记载，娄门初辟时名瞜（音 liú）门，"瞜"字本义是"以火烧田而种也”，人类最早的农耕方式就是刀耕火种。此地北出长江，东依大海，西侧有大城为屏障，不受诸侯侵扰威胁。可是，吴国东面生活着被称为“东夷”的民族，时不时前来抢掠丰收的成果。吴王阖闾欲出兵东征，又犹豫未决，军队尚未出城时，便临时驻扎，以考虑究竟用谈判还是战争手段。于是，建“临顿馆”“临顿里”，以后才有“临顿桥”“临顿河”“临顿路”这些地名。这场战争史书未有记载，想必阖闾认为讨伐东夷与西破强楚、北上争霸的强国之梦相比，实在不值。于是，以外交手段平息了争端。吴国在娄门以东 40 里建夷亭为东界。夷亭之名后改作“唯亭”，保留至今，但当地人还是把它念作“夷亭”。

公元前 473 年越灭吴，勾践为与中原诸侯争霸，将都城北移至山东琅琊。后越国势衰，又将都城南迁至阖闾城。楚越之间此消彼长，前 333 年楚国灭亡越国。现在，娄门内东北街中段跨北园小河有桥名“楚胜”。相传楚攻吴自娄门入，在这里击败吴军，故名。其实大谬，当时只有吴军破楚入郢，而楚军从未进过吴都。楚军西来攻越，越将防守重点放在西侧。而楚军绕至城东，攻入娄门。越军见城门已失，士无斗志，稍作抵抗退至这座桥边便溃败了。后楚国春申君据吴城，将该桥命名为“楚胜”，流传至今。

秦统一六国，置会稽郡，郡治在吴城。在吴城以东置疁县，东至大海。王莽篡汉，改疁县为娄县，范围极广，包括现在的昆山、太仓、嘉定、宝山、青浦、松江和上海市区。疁门遂正式定名为娄门。

二、唐、宋、元时的娄门

自汉至唐，苏州一直处于战争极少的和平环境中，统治者对城门、城墙的修缮也如例行公事。直至唐末战乱，包括娄门在内的苏州城门、城墙已残破不堪。后梁龙德二年（922），在中吴军节度使钱元璙的主持下，全城重筑。因当时已有火器用于战争，新建的城墙、城门都穿上了“砖石外衣”，土城成了砖城，娄门也焕然一新。

度过了两个世纪的和平岁月，南宋时，平江府（苏州城）又遇到了惨烈的战火。建炎四年（1130）正月，金兀术追逐宋高宗未遂，回军北返。平江府的宋城将官弃城遁逃，军民自发组织守城防御。24 日，金兵发起进攻，军民在盘、胥、葑、娄四门防御，以箭石击敌，战至 25 日上午，金兵破盘门，与城内军民展开巷战。至 26 日，金兵占领全城。金兵入城

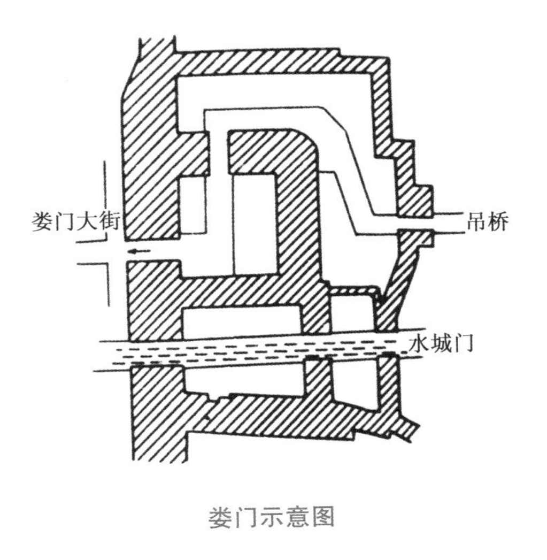

娄门示意图

后，奸淫掳掠，待了几天又恐遭宋军合围，急于北撤。三月初一，金兵放火焚城后，自阊门西撤。城内大火五昼夜不熄。

元末，张士诚据平江路，改称隆平府，自称“周王”，后又称“吴王”。为了加强城防，在六城门外加建月城（瓮城），架吊桥。六座月城结构各异，而娄城的水陆城门均设三道闸门，是绝无仅有的。

三、明、清时的娄门

娄门设防坚固，明朝倭寇入侵时，护城功能得到充分体现。当年，倭寇自东而来，苏州东侧娄、葑两门从未被其突破。

同治二年（1863）李鸿章、程学启伙同戈登率领的洋枪队反扑苏州城，他们率军自齐、娄、盘三门发起猛攻。程学启号称悍将，但在娄门城外铩羽而归。当时，淮军已装备了新式的西洋火器，还有洋人的协助。但李秀成从容应对，利用坚固的城墙，带领太平军，守城一月，岿然不动。

1932年“一·二八淞沪抗战”后，国民政府曾在娄门以东修建了大量永久性、半永久性的碉堡群，冀望在战争中与日军相持。这些碉堡到70年代末还能看到，现在已全部拆除了。

20世纪60年代规划建设城墙公园，1979年残余城墙成了公园中逶迤起伏的土山。

2004年，第28届世界遗产大会在苏州召开，“环古城风貌保护工程”开工建设，古城墙外沿环城河两岸共建成景点48处。2011年恢复兴建已被拆毁的城墙，娄门段城墙复建工程于2013年启动。在发掘城墙基础时发现此段城基的宽度达18米，是阊门至胥门段的一倍半。而且，城基内还有道路地坪，估计是太平军守城时将此处城墙拓宽加固的。新建的城门上方有了重檐歇山顶的门楼，二楼前檐下悬挂着匾额，上书“江海扬华”四字，这是根据《吴门表隐》中记载的内容，请书法家重书的。

今日娄门已成为观光旅游的新去处。

姑苏城西安防锁钥——胥门

谢勤国

苏州胥门是春秋时伍子胥所建八门中的一座，位于古城西部，被命名为胥门。与城门隔城濠相对，有一条大河，就是胥江。胥江是伍子胥开凿的，用于水军西进袭楚。当时，胥江之水自胥门水城门输入城中，为百姓提供了清洁水源，又于城东注入娄江，成为太湖水下泄入海的主要通道。

一、伍子胥与胥门

胥门外的伍子胥塑像

伍子胥为阖闾精心谋划，西破强楚，为吴国崛起称霸诸侯打下了基础。但阖闾去世后，继位的夫差对于这个常常犯颜直谏的老臣一直很不耐烦。在灭越、存越和诛勾践、释勾践的重大国策问题上，君臣之间看法对立，矛盾愈演愈烈。最后，夫差赐伍子胥自裁。伍子胥老泪纵横，命下人“待吾死后，抉吾双目悬于城门，令吾亲见越兵在吾目下入城”。公元前473年，越兵自太湖而来，于城西进攻，欲毁门而入，忽见城门上有伍子胥头，大如车轮，目若耀电，须发四张，光射千里。越兵将士无不恐惧。夜半雷轰电掣，风雨大作，飞沙走石，疾于弓弩。战船缆索皆断，不能相连。于是范蠡、文种肉袒冒雨，稽首谢罪。良久，风雨方息。两人又梦见伍子胥白马素车来谒，言自己不能违背天意，只是不让越兵在此入城。于是，越兵转攻东南，一举攻下吴都。此后，越兵进入的罗城缺口之处建为葑门，而城西之门有此故事流传，深入人心，“胥门”之名，从此不可更改。

二、从战国到元的胥门

战国时，楚相春申君黄歇秉政，封地在吴越故地，以吴阖闾大城为都邑。黄歇入住吴城后，发现每逢汛期一旦连降暴雨，太湖水位急剧上升，洪水就会顺胥江东泄，直扑胥门水城门，灌入城中，城里顿成泽国。水泡墙酥，房屋倒塌，人员伤亡往往酿成大祸。于是，黄歇决定堵塞胥门水城，让洪水沿城濠南北分流，不再直接冲入城中，使吴城内水患得以缓解。从此，胥门便没有水门，只剩陆门了。

苏州古城原来有八个城门，唐朝白居易任刺史时诗曰“八门七堰六十坊”。唐末，藩镇割据，战祸连绵，苏州这块富庶之地成了各方势力反复争夺的地方。大顺元年（890）孙儒进占苏州，次年离开，放大火将古城烧得十去八九。后来，吴越钱镠占领此地，局势才稳定下来。传说，有堪舆家言：苏城八门如螃蟹八足，四处横行，所以战火不断，必须堵去几个门，此蟹才无力作怪。于是，自五代始古城只保留东娄门、葑门，北齐门，西阊门、胥门，南盘门六城门，至北宋一直如此。

宋高宗南渡后，以临安府（杭州）为都城，平江府（苏州）居陪都地位。绍兴十四年（1144），秦桧小舅子王映任平江知府。他奉朝廷之命，在平江府建馆驿以接待金国来使。馆驿选址在胥门内，造得美轮美奂，名曰“姑苏馆”。当时，又拆去胥门城楼，建造了一座高台，叫做“姑苏台”。今天，我们在平江图上还能看到这个“姑苏台”。城楼是给巡查兵丁遮风挡雨的休息之地，上置更鼓，由夜间值班兵丁击鼓敲更。胥门拆去城楼后，苏州就留下了“六门三关五鼓楼”的俗语。南宋绍兴年间，胥门城楼建姑苏台后，此门也被堵塞，成了五城门，也就是五鼓楼了。王映还在城内建造了一座花园，供金使消闲玩赏。馆内四季鲜花盛开，命名为“百花洲”。

南宋德祐元年（1275），贾似道在鲁港迎战元军大败，元军占建康一路东进。八月，文天祥任平江知府，筹备守御。十一月常州被屠城。另有一路元军攻占安吉，丞相留梦炎急令文天祥回京防守临安府。文天祥临行将守城事宜交代给同知王矩之和都统王邦杰。不料，这两人全无廉耻，十二月，元军占领望亭，二王竟到枫桥寒山寺外迎降元军，苏城陷落。元朝统治者下令拆除苏城城垣，但百姓们不愿意为异族出力，将城墙隔一段拆一段，使之成了连续不断的土墩。贫民们还在土墩上搭建棚屋，用城砖累墙，蔚然成为奇观。元朝统治不得人心，至正十一年（1351）农民起义爆发，不久便成燎原之势。元顺帝急忙下诏各地修复城墙。平江路官吏征发民工十余万重筑罗城，周围45里、高7.8米，辟有阊、齐、娄、葑、盘、胥六门，今天保存的古胥门就是那时所建，但此门仍没有水城门。

元至正十六年（1356）三月，张士诚占领平江路，自称吴王，改平江路为隆平府。由于受到朱元璋和方国珍的夹击，为巩固城防，当时在六个城门的外侧均建起了瓮城。胥门外由于城河上无桥，故瓮城大门朝南，北侧辟一小门，方便百姓通行。

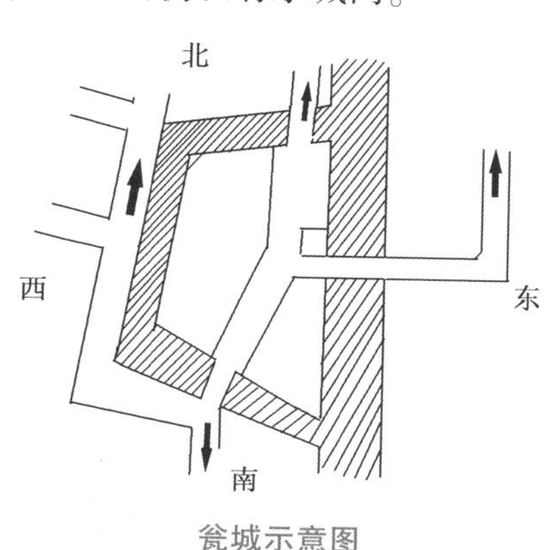

瓮城示意图

三、明、清及以后的胥门

明朝时，苏州是南直隶的首府，应天巡抚驻苏州。巡抚衙门设于元代所建鹤山书院内，遗址今为省保文物。巡抚在北京向皇帝辞行后，到苏州都在胥门外御码头登岸，码头有一个官署名“接官厅”，专门接待到苏州上任的巡抚、布政使、按察使、道台、知府以及长洲、元和、吴县知县等各级官员，送往迎来十分频繁。民国以后官署被撤销，留下一条同名的小巷子。

清代的胥门，内外繁华如旧，康熙六年（1667）析江南省（原明代南直隶）为江苏、安徽两省，应天巡抚改作江苏巡抚。康熙二十三年（1684）汤斌任江苏巡抚。他到任后兴利除弊，约束下属，备粮筹赈，宽民力、兴教化、废淫祀，重修泰伯庙，并申请免除苛捐杂税。汤斌自奉俭朴、性情淡泊，每日用膳仅蔬菜、豆腐，百姓戏称其为“豆腐汤”。他在苏任职两年，康熙二十五年（1686）调回京师任礼部尚书。苏州百姓挽留无果，在接官厅泣送，并建四柱三间石碑坊，额书“民不能忘”。

乾隆五年（1740），苏州知府汪德馨力排众议，耗时两年在古胥门北侧外城河上建成万年桥，结束了胥门外过河摆渡的历史。这是一座三孔石墩木梁平桥、东西两堍有坡度，西堍立石牌坊，上书“三吴第一桥”。

咸丰时，庚申（1860）战争中一场大火从枫桥烧到阊门，又从阊门向南蔓延至胥门，再向西北一直延烧到虎丘，苏州府最风流繁华的地域成为一片焦土。战争结束后，废墟重建速度缓慢。民国初年，大量难民在胥门城墙内外搭棚建屋，以至“百花洲”成了苏州贫民窟的代名词。

1937 年 11 月 19 日，日本侵略军自平门、娄门攻进苏州，次年在正对万年桥的东侧城墙开辟了一个双洞城门，以方便占领军的交通运输。以后此门被称为“新胥门”。古胥门外的瓮城在民国初年被拆除，市民出城须向北绕道过桥。新门开辟后也给市民带来便捷。古胥门一带更显冷落，不知何时古城门门洞也被占为民居，包围在贫民窟内，百姓的住房竟然成了城墙的“安防”设施。

今日胥门

改革开放以后，胥门内外发生了天翻地覆的变化。1982 年古胥门被列入苏州市文物保护单位，2006 年晋升为省级文保单位。城墙外侧建成了百花洲公园，一年一度的苏州丝绸国际旅游节在此举行开幕式。首届苏州元宵花灯节也在这里举办。2004 年城门外侧竖起了伍子胥石雕像，公园里重建了七间四面厅，名“姑苏馆”。其门外楹联：“看柳岸画船，目悦风物；赏城垣诗碣，心仪伍贤。”的确情景交融。馆前数十步，矗立着“民不能忘”牌坊，折向西有三间四面厅“接官厅”，这座与县平级的官署现在真正成了“厅”。

冷兵器时代早已过去，城门、城墙成了历史的陈迹，“化剑为犁”，新建的公园和健身步道为市民的身心健康提供了保障。

抗倭·任环·三关

王家伦

关，可认为是关卡，如苏州有浒墅关，明宣德四年（1429），户部首设“钞关”（征税的关卡）于此，遂名“浒墅关”。就安防而言，关指的是关隘，或特指关隘的敌楼。苏州人所谓的“三关”，一般认为是普安桥堍的青龙关、下津桥堍的白虎关和枫桥镇的铁铃关。如今，唯有铁铃关仍傲然挺立在枫桥。

一、倭寇与铁铃关等“三关”的设置

倭寇，是13世纪到16世纪侵略朝鲜、中国沿海各地和南洋的日本海盗集团的泛称，主要从事走私贸易和沿海劫掠。因中国古籍中称日本为“倭国”，故这些海盗被称为“倭寇”。初时，倭寇仅为九州沿海一带的庄官等阶层及失业群体。14世纪初，日本进入南北朝分裂时期，在长期战乱中，失败的南朝封建主组织武士，劫掠中国与朝鲜沿海地区，成了倭寇的“新生”力量。

关于倭寇的成分，《明史·日本传》曰：“大抵真倭十之三，从倭者十之七。”《嘉靖实录》里也说：“盖江南海警，倭居十三，而中国叛逆居十七也。”明朝抗倭专业书籍《筹海图编》中更是列出了14股倭寇的头目，这些头目全都是中国叛逆。也就是说，倭寇中有大量的汉奸。这些汉奸大多自小生长在江浙沿海，对于沿海的地形地貌相当了解。有了他们的参与，真倭们就可以精准地长驱直入，进行抢掠。

明代郑若的《枫桥险要说》中记载：“天下财货莫盛于苏州，苏州财货莫盛于阊门。倭寇垂涎，往事可鉴……”苏州因其富裕更为倭寇垂涎，频遭骚扰。倭寇烧杀掳掠，奸淫民女，掳掠儿童，破坏尤其严重。

为了抗御来犯的倭寇，嘉靖三十六年（1557），巡按尚维持在城郊筑关设防，在枫桥通往阊门的十里路中，又连建三处关口，由西向东依次为铁铃关、白虎关、青龙关，以保阊门平安。白虎关原在今下津桥堍，形状与铁铃关相仿。白虎关清时曾经重修，敌楼刻有“金阊胜迹”四字，故坊间称之“金阊关”，20 世纪 50 年代后因破败而被拆除。青龙关在普安桥堍，早就没有了踪影，以至有人误以为青龙关就是浒墅关者。铁铃关，《苏州市志》称：“又名枫桥敌楼，明嘉靖三十六年（1557）巡按御史尚维持为抗御倭寇窜扰苏州城，创建敌楼三处，一在木渎镇，一在葑门外，一在枫桥即铁铃关。现仅存铁铃关一处。”当初的铁铃关“下垒石为基，中为三层、上覆以瓦，旁置多孔”，与关前的古运河、枫桥构成一个完整的防御体系，是扼守苏州城西北的重要关隘。

二、抗倭名将任环

明代，东南沿海抗倭之战是中国历史上第一次反侵略战争。嘉靖三十四年（1555）五月，由汉、壮、苗、瑶等族人民组成的抗倭军队，在爱国将领张经领导下，于王江泾（今浙江嘉兴北）大破倭寇，斩敌 2 000 人。这是抗倭战争以来最大的一次胜利，被称为“自有倭患来，此为战功第一”。次年，倭寇劫掠福建福安等地，当地畲族人民奋起抗击。嘉靖四十二年（1563），败走福建的倭寇，窜犯台湾基隆一带，被高山族人民赶走。民族英雄戚继光率领“戚家军”，与其他明军配合，多次打败倭寇，取得了抗倭战争的最后胜利。

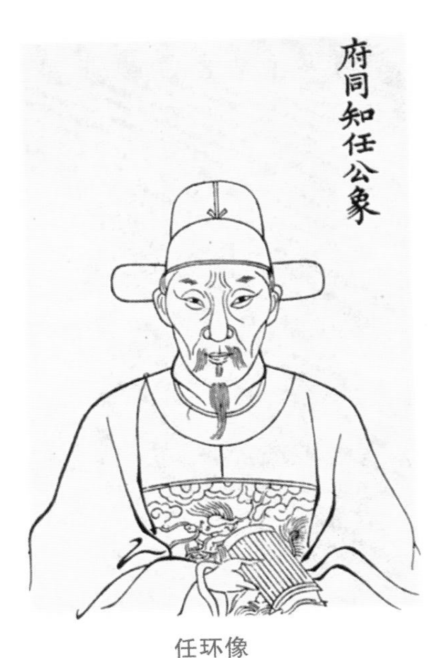

任环像

在抗倭名将中，苏州人最忘不了的是任环。

任环（1519—1558），字应乾，山西长治人。他自小勤奋好学，饱读诗书，少年时曾拜师学武。为了磨练毅力，锻炼体魄，任环常随师傅爬山涉水，去家乡附近的太行山旅行，广交朋友，练就了一身武艺。据史书记载：青年时代的任环身高体壮，又肤色白净，生得英俊，在家乡有“白面郎君”之称。

任环为嘉靖二十三年（1544）进士。历官广平、沙河、滑县知县，最为重要的是曾任苏州府同知（副知府）、兵备佥事与苏淞兵备道副总兵。

倭寇盛行之际，任环的同科进士尚维持正任巡按御史。尚维持锐意整改吏政，访察民间疾苦，并注意修建城防要塞。尚维持虽为贤吏，却不太懂军事，对于统率军队、行军布阵及攻守方略都不在行。当时，苏州府兵备司及下属各县的指挥官醉心醇酒美妇，暮气沉沉。倭寇来犯时，即使只是小股人马，他们也束手无策，消极避战，听任百姓遭受蹂躏。倭寇离境后，他们又虚报战功领取奖赏……尚维持接到乡绅士民举报后，甚为愤慨，撤了几位军官的职。

任环在苏州任职期间，看到当地驻军军纪废弛，畏敌怯战，很痛心。他在征得尚维持批准后，大刀阔斧地撤换了不称职的指挥官，并且裁汰老弱兵丁，又请尚维持上疏朝廷，从南方调来广西士兵 1 500 人，编组成一支以骑兵为主的机动部队，《明史》中称之为“狼兵”。任环还请尚维持划拨库银 2 万两，在苏州地区招募乡勇 6 000 人，发给兵器，加以训练。这些乡勇平日务农，倭寇来犯时即配合官军作战。他们熟悉道路地形，又一心要保护家乡免遭倭寇蹂躏，故士气高昂，战斗力很强。

尤为难得的是，来自北方的任环在河网纵横、湖泊星罗棋布的苏州地区意识到水战的重要性，规定官军都要学会游泳、通水性，并定期考核。他自己带头下水游泳，还举行水战演习，以提高作战能力。在尚维持的支持下，任环还张榜告示，发动百姓绅商捐钱，在太湖洞庭东山建起船厂，打造了 40 艘战船。这是一种双帆战船，船头船尾蒙着熟铜皮，可以防范倭寇的火攻。同时，为了提高航速，还在船尾加建木飞轮。行驶时，由几名强壮的水手轮班踩飞轮。它们在后来的抗倭战斗中确实也发挥了不小的作用，对付小股乘坐小船的倭寇时尤为有效。而平时，又可在江湖上巡弋及运送军民。

嘉靖三十三年（1554），倭寇入侵枫桥东面的上津桥与下津桥一带（即白虎关边），任环率领苏州军民迎头痛击，大败倭寇，称“上津桥大捷”。

任环率部大破倭寇，保境护民，竭尽全力，立下了不朽的功勋，成为名副其实的抗倭英雄。

经过多场浴血奋战，苏南、浙北的倭患渐告平息。人民有了休养生息的环境，无不感激前赴后继、视死如归的抗倭将士。任环在苏州、松江等地担任将领的六年里，为抗倭斗争做出了杰出的贡献。旧时，苏州、常熟、松江等地民间流传着他与王铁、钱泮、钱鹤州等抗倭英杰的不少传说。现沧浪亭五百名贤祠内就有任环将军石刻像，所谓“裹创击贼，开城纳民，怒涛沧海，雷霆不闻”。

三、铁铃关的古今

铁铃关由城楼、关台等组成，又称“枫桥敌楼”，是明代抗倭斗争的重要遗迹，是古驿道和古运河进入苏州城的水陆交通要塞。

铁铃关曾于清道光九年（1829）重修。第二年，江苏巡抚陶澍倡导文运，将上层改建为文星阁。其后年久失修，阁楼颓毁，雉堞、女墙、射孔等都倾圮无存，逐渐残损为一座荒台，唯有拱门上的“铁铃关”三个字还依稀可见。

中华人民共和国成立后，1963 年铁铃关被列为苏州市文物保护单位，曾小修加固。1986 年至 1987 年大修，加固了关台拱门，重砌雉堞，并建单檐歇山式屋顶单层楼阁三间于关台上。关台正面宽 15 米，纵深 10.2 米，高 7 米。正中辟拱门，门洞上刻“铁铃关”三字。关门内南北壁面辟大小拱门各一座，内砌登关砖级，并设有驻军洞。

今日铁铃关

今铁岭关坐落在寒山寺的西北，由城楼、关台等组成，高 10 米，关楼外侧高悬“御寇安民”匾额，联曰：

雄关通浒墅，古寺对寒山。

关台下部是用石头砌成的台基，为明、清时的遗物。

敌楼下层为进入关口的通道。楼上大厅面东，正中悬一块匾额，上书“威震三关”，匾额下为一面屏风，写着《孙子兵法》中的内容：“知可以战与不可以战者胜，识众寡之用者胜，上下同欲者胜，以虞待不虞者胜，将能而君不御者胜。此五者，知胜之道也。”前面是一桌一椅。北墙并列两位抗倭名将的画像，一为任环，一为俞大猷；南墙是一幅画，画有任环率领苏州军民抗击倭寇的“上津桥大捷”。厅内置放着“十八般兵器”。楼上四周砖台上设置城垛，是古时用来发射土炮，打击敌人的。放眼远望，三层楼阁的建筑，依运河而立，威严犹存。

铁铃关敌楼西北即为横跨运河的枫桥，身后便是举世闻名的寒山寺。如今，为苏城安防立下汗马功劳的枫桥铁铃关已是苏州市重要的爱国主义教育场所，1982 年被列为省级文物保护单位。

河海篇

妈祖与“靠海吃饭”者的安防愿望

张欣然

大海神秘莫测，处处充满着危险。渔民“靠海吃饭”，他们需要安全的防范与安全的保障。

一、妈祖

> 孤寂的海上的灯塔挽救了许多船只的沉没，任何航行的船只都可以得到那灯光的指引。哈里希岛上的姐姐为着弟弟点在窗前的长夜孤灯，虽然不曾唤回那个航海远去的弟弟，可是不少捕鱼归来的邻人都得到了它的帮助。

这是巴金《灯》中的一段文字。灯塔，给了“靠海吃饭”者物质的安防保障。然而，人们更需要精神上的安全保障，于是，妈祖就出现了。

湄洲岛妈祖塑像

妈祖（当地人对女性祖先的尊称），又称“天妃”“天后”“天后圣母”“湄洲娘妈”等，是我国东南沿海历代船工、海员、旅客、商人和渔民共同信奉的神灵。在海上活动的人们经常会受到风浪的袭击，甚至船沉人亡，安全成为主要的问题，于是，他们把希望寄托于神灵的保佑。

妈祖信仰来自一段凄美的

往事。

北宋建隆元年（960）三月二十三日，福建省莆田市湄洲湾畔一户姓林的人家降生了一个女婴，因出生时不哭不闹，取名为“默”，当地人称之为“林默娘”。林默娘自幼聪颖，读书过目不忘，自然成诵。长大后，她矢志不嫁，精研医理，为人治病，防疫救灾。她热心助人，为乡亲们排难解困，行善济世，颇得当地人的敬爱。宋太宗雍熙四年（987）九月初九，在一次海上搭救遇险船只时，林默娘不幸被桅杆击中头部，落水身亡，年仅28岁。当地人为了纪念她，专门建了祠堂。南宋高宗绍兴二十五年（1155），林默娘被册封为“崇福夫人”，这是官方最早的褒封。

宋、元、明、清四个朝代，十多个皇帝先后对林默娘敕封了三十余次，从“夫人”“天妃”“天后”到“天上圣母”，其封号最长达64个字——护国庇民妙灵昭应弘仁普济福佑群生诚感咸孚显神赞顺垂慈笃祜安澜利运泽覃海宇恬波宣惠导流衍庆靖洋锡祉恩周德溥卫漕保泰振武绥疆嘉佑天后。这64字高度概括了妈祖的贡献，展现了妈祖护国庇民的历史功绩。

“护国庇民”易解，“妙灵昭应”指神妙灵验的显示，“弘仁普济”指大爱仁慈普济苍生，“福佑群生”当然指保佑百姓，“诚感咸孚”指确实使众人感动信服，“显神赞顺”意为显赫之神人人赞颂，“垂慈笃祜”指流传的慈爱保佑众生，“安澜利运”指安定波澜利于海运，“泽覃海宇”指恩泽遍地延及海内外，“恬波宣惠”意为评定波澜宣扬仁爱，“导流衍庆”意为疏导海道普遍庆贺，“靖洋锡祉”指安定海洋赐福予众，“恩周德溥”颂扬妈祖恩德普济、泽被四海，“卫漕保泰”意为护卫漕运，保佑安宁，“振武绥疆”指振作武力安定海疆，“嘉佑”指最美好的保佑，“天后”，当然指妈祖。

到康熙五十八年（1719），妈祖的地位已与孔子、关羽相当，被列入了国家祀典，由地方官员亲自主持春、秋两祭，行三跪九叩首之礼，她成了万众敬仰的“海上女神”，主要功能就是护航。

二、妈祖的安防功能——护航

民间的美好愿望，加之官方的推崇，神化了一系列林默娘的故事。

首先是关于妈祖的出生。一天晚上，林默娘的母亲梦见了观音菩萨，观音慈详地对她说：“你家积德行善，特赐你一粒药丸。”母亲服下这粒丸药，便怀孕了。北宋建隆元年（960）三月二十三日傍晚，突然一道红光射入屋内，光耀夺目，香气袭人，久久不散。又听得四周隆隆作响，好似春雷轰鸣，妈祖诞生了。

大海深不可测，风浪向来无情，渔民出海频频遇险。年轻的林默娘练就了一身好水性，自愿担起了海上救援任务，被称为“海上女侠”。那时，哪里有呼救，哪里就会出现“海上女侠”的身影，经她救起的渔民不计其数。有一个晚上，天黑如漆，狂风大作，巨浪滔天，海上的船只无法进港，得信后的林默娘情急中点燃了自己家的房屋，一时大火熊熊仿佛航标，给了归航的船只前行的方向。

宋太宗雍熙四年（987）九月初九，是年仅 28 岁的林默娘的牺牲之日。这一天，湄洲岛上的群众看见妈祖登高于湄峰之巅，向亲人们告别。她独自驾祥云乘风而去，翱翔于苍天皎日之间，与彩云布合，混然一体。此后，航海的人常看见林默娘身着红装飞翔在海上，救助遇难呼救的人们。

传说，曾经有一艘商船在附近海上因遭到巨风袭击而触礁，海水涌进船舱，即将沉没，由于风狂浪巨，村民们不敢前去营救。紧急时刻，妈祖在脚下找了几根小草，扔进大海，小草瞬间变成了几个大木排漂到商船边上，并附着在即将沉没的商船上，终于避免了船毁人亡。

妈祖——一代女神就这样出现了。千百年来，妈祖被人们传颂着，从莆田到福建，到中国沿海，再由华侨传到海外。传说，海上航行者若遇海难向神明呼救时，称“妈祖”，妈祖就会立刻前来救人；若称“天妃”，妈祖则会盛装打扮，雍容华贵地缓缓前来救人。故海上都称“妈祖”，不称“天妃”，因为大家都希望妈祖立刻前来救难。看来，沿海百姓更希望妈祖是平民，因为她本来就是平民百姓的“神”。

由于历代皇帝的尊崇和褒封，妈祖由汉族民间之神提升为官方的航海保护神，而且神格越来越高，传播的面越来越广，以至达到了无人不知、无神能替代的程度。

三、湄洲岛的妈祖庙

妈祖越来越被神化，各地纷纷建立起祭奠妈祖的庙宇，当然，最早的妈祖祖庙坐落在“妈祖信俗遗产地”福建省莆田市湄洲岛。

宋雍熙四年（987），妈祖升天后，人们怀念她，就在湄洲岛建庙祭祀。据文献记载，当时的庙宇仅“落落数椽”，但“祈祷报赛，殆无虚日”。后来，经过三宝等人的扩建修葺，到天圣年间（1023—1032），湄洲岛妈祖祖庙“廊庑更加巍峨”，已初具规模。

元朝，妈祖祖庙得到进一步扩建。洪希文在《题圣墩妃宫》诗中，描写了“粉墙丹住辉掩映，华表茸突过飞峦”的景象，反映出妈祖祖庙的建筑情况。

明朝，妈祖祖庙又进行了扩展。洪武七年（1274）泉州街指挥周坐主持重建了寝殿、香亭、鼓楼、山门。永乐初年（1403），郑和下西洋时，因妈祖庇佑有功，朝廷遣官再次修整祠庙。宣德六年（1431）郑和最后一次下西洋之前，又亲自与地方官员一起备办木石，再次修整祖庙。

清康熙二十二年（1683），福建总督姚启圣重建钟鼓楼和山门时，把朝大阁改为正殿，后因姚启圣屡次建功，被皇帝封为太子太保、兵部尚书，人们遂称正殿为太子殿。

清乾隆以后，湄洲妈祖祖庙规模越发宏大，共有 99 间斋房，号称“海上龙宫”。

今日湄洲岛

如今湄洲岛的妈祖庙已成为雄伟的建筑群。它以前殿为中轴线，依山势而建，形成了纵深三百多米、高差四十余米的主庙道，从庄严的山门、高大的仪门到正殿，由 323 级台阶连缀两旁的各组建筑，气势非凡。在祖庙山顶，还建有一座 14 米高的巨型妈祖石雕塑像，面向大海，栩栩如生。

湄洲岛妈祖祖庙

由人到神，妈祖身上聚集了中华民族的传统美德和崇高精神境界。她已不是杜撰的偶像，而是从人民中走出来的、被神圣化了的历史人物。她善良正直，功德无量，受到海内外众多百姓的尊敬和膜拜。

从普通安防功能到广泛演绎的妈祖文化

胡　洁

我国东南沿海和港、澳、台一带的妈祖信奉者人数以千万计，马来西亚、泰国、印度尼西亚、菲律宾大量的华人也都以妈祖信仰为主要信仰，而在日本的大多数华侨也以妈祖信仰为主。据说全世界现有一亿多妈祖信徒。正因为如此，妈祖的功能被无限扩大了。

一、安防职能的全面化

随着时间的推移和空间的扩大，除护航救灾外，妈祖成了事事都管的民间安防保护神。有关妈祖的故事，较为有名的如下。

其一是“祷雨济民”。相传妈祖 21 岁的时候，莆田地方出现大旱，全县百姓都说非妈祖不能救此灾害。于是，县尹亲自向妈祖求救。妈祖即刻祈雨，并说壬子日申时就会下大雨。那天本来晴空万里，丝毫没有要下雨的征兆，申时一到，突然乌云滚滚，大雨滂沱。久旱遇甘霖，大地恢复了往日生机。

其二是“解除水患”。相传妈祖 26 岁那年上半年，福建与浙江两省颇受水灾之害。当地官员上奏朝廷，皇帝下旨就地祷告天帝，但毫无作用。这时，妈祖立即焚香祷告，突然天空刮起大风，只见云端有虬龙飞逝而去，天空晴朗了。那一年百姓获得了好收成。

其三是“收伏鬼怪”。相传妈祖在世时，海上有一怪物晏公，时常兴风作浪，弄翻船只。有一天，妈祖驾船驶到东部大海，怪物又开始兴风作浪。妈祖不动声色，掀起狂风巨浪与之搏斗。晏公害怕妈祖的神威，叩拜荡舟离去。但晏公一时为法力所制有所不服，摇身变为一条巨龙，继续兴风作浪，妈祖再度施法，制服巨龙。从此，晏公成为妈祖部下总管，专门负责对付各路妖怪。

妈祖的职能，还与国家的统一联系在一起。妈祖助潮让郑成功的舰队顺利进入台湾鹿耳门港的传说，在台湾家喻户晓：荷兰军队故意沉掉一批船只堵塞港口，郑成功部队连夜祷告妈祖，潮水突然猛涨，郑成功战船一举成功。据有关人士考证，台湾至少有三座妈祖庙建于郑成功时期。

明、清以来，妈祖被赋予了新职的功能——保佑妇女生育。这个功能颇令人费解。历史上的林默娘终生未嫁，哪会有养儿育女的经历？然而，古时候医疗水平低下，妇女生育被认为是一只脚跨进鬼门关，急需有一位神仙来保佑，既然妈祖神通广大，能有这么多安防功能，再加一点也未尝不可。实际上，妈祖被看作是观音菩萨的化身，保佑人们的生活平安，于是，她又有了“送子”的职能。人们赋予妈祖保佑生育的职能，反映了人民群众现实生活中对安防的需求。

如此等等，不一而足，妈祖的这些功能，都与人民群众祈求平安的心理联系起来了。2009 年 10 月，妈祖信仰入选“联合国教科文组织人类非物质文化遗产代表作”名录。

二、妈祖庙遍布各地

妈祖自北宋开始被神化，妈祖信仰自福建传播到浙江、广东、台湾后，又传到了日本以及东南亚（如泰国、马来西亚、新加坡、越南）等国，天津、上海、南京以及山东、辽宁沿海均有天后宫或妈祖庙分布。据说全世界有三千多座妈祖庙，庙宇各有特色。

（一）浏河天妃宫

元代，中国大陆有“四大妈祖庙”，湄洲岛妈祖祖庙、泉州天后宫、天津天后宫和浏河天妃宫。

浏河天妃宫位于江苏省苏州市下属太仓浏河镇中心庙前街。浏河镇濒江临海，与崇明岛隔江相望，为万里长江第一港。自元代漕运改走海上后，海贸隆盛，成了著名的出海港口，被誉为“六国码头”。正因为如此，当地人特别信奉妈祖。

浏河天妃宫（当地百姓称之为“娘娘庙”）建于元至正二年(1342)，距今已有九百多年历史，是江南地区最古老、最负盛名、最具独特历史价值的妈祖庙。清道光四年（1824）林则徐任江苏巡抚时，曾重修

浏河天妃宫正门

天妃宫，天妃宫成为祀奉妈祖的显要道教宫宇。当时的妈祖庙，前有照壁，山门内有钟楼、鼓楼，入宫有正殿、后殿及道舍等。六百多年前郑和从太仓起锚七下西洋时，每次都会来到天妃宫祭祀，祈求妈祖这位“海上女神”保佑船队一帆风顺。

1911 年秋，天妃宫正殿毁于大火。以后，其他建筑亦陆续被毁。到 1949 年新中国成立时，仅存后殿。后殿曾一度改作粮库，如今经过修缮正在逐步恢复旧貌。2013 年，浏河天妃宫被列为第七批全国重点文物保护单位。

如今的天妃宫面对老浏河塘，正路尚有两进，进了山门就是一片空地，这是当年的正殿所在地，如今作为遗址展示，而原来的后殿代行正殿职能，供奉着妈祖的塑像。

浏河天妃宫后殿的几副楹联颇值得玩味。

门外联曰：

天妃佑民祚，千秋永祀；三宝逐鲸波，四海长歌。

这副楹联写了两个人：上联写天妃的功绩与多年来对她的祭祀，“祚”，就是“福”，天妃保佑人民幸福，“祀”，祭祀。下联写三宝太监郑和下西洋的故事，郑和七下西洋每次都要到天妃宫祈求保佑。“鲸波”，惊涛骇浪。

轩内联曰：

后德神功，颂遍天涯，一航普济；
地灵人杰，歌传水调，八音克谐。

上联中，从“后德”可知，这副楹联撰于妈祖晋封为“天后”之后，“一航”，一路航行，“普济”，普遍济助。下联中，“地灵”句系指莆田二十四景之一的“湄屿潮音”，“水调”是曲名，“八音”指各种乐器的声音。此联对仗工整，平仄和谐，堪称佳作。

澳门妈阁庙的香

（二）澳门妈阁庙

澳门民间流传一种说法：“先有妈阁庙，后有澳门城。”可见妈阁庙之历史悠久。澳门妈阁庙创建的确切年份至今未有定论。四百多年前，葡萄牙人从妈阁庙附近上岸后问当地居民：“这是什么地方?”因为语言不通，当地人回答说这里是“妈阁”。葡萄牙人误以为“妈阁”就是这里的地名，于是把“妈阁”称为“MACAU”，译成中文就是“澳门”。妈祖阁背山面海，周围古木参天，风景优美，是许多旅游者必到之地。妈阁庙内，终年香烟缭绕，有许多善男信女来此叩首祈福。

澳门妈阁庙的香很有趣，不是一炷一炷的，而是一盘一盘的，就如巨大的盘状蚊香。烧香时，在香的中间用钩子吊起来，一盘盘的香就像是一座座的宝塔。

三、妈祖文化的广泛演绎

妈祖情操高尚，她热爱人民，扶困济危，体现了中华民族的传统美德。作为文化现象，妈祖文化有了艺术的广泛演绎，以“妈祖”为主题的艺术深得广大人民群众的喜爱。

（一）诗词

与妈祖文化有关的诗词数不胜数，这里取两首以飨读者。

湄洲屿

张翥

飞舸鲸涛渡渺冥，祠光坛上夜如星。
蛟龙笋簴悬金石，云雾衣裳集殿庭。
万里使轺游冠绝，千秋海甸仰英灵。
乘槎欲借天风便，仿佛神山一发青。

张翥（1287—1368），元代诗人。这是一首七言律诗。首联意为飞快的船惊起了巨涛远行而去，祭拜的祭坛上夜色点点；颔联中，“笋簴（jù）”，为古代悬挂钟磬的木架，此联意为雕有蛟龙的木架上悬挂着钟磬，云雾中人们都穿着华丽的衣裳来到祭拜的殿堂；颈联中，“轺（yáo）”，是轻便小车，此联意为远道而来的使者络绎不绝，自古以来沿海的居民都敬仰英灵——妈祖；尾联意为借风的便利乘坐竹筏而去，仿神山都显得越发青翠了。此诗表达了人们对妈祖的崇拜和信仰，告诉我们信仰妈祖的风俗和传统很久以前就存在了，妈祖文化源远流长。

定风波·湄屿潮音

马国泰

万里潮来诉故情，八方雁过总留声。圣母庙前鱼亦跃，归朴，三山龙舞伴歌鸣。

朝拜虔诚心事吐，寻祖。慈航普渡塔灯明。皓月当空帆照影，风静，赏心湄屿碧波平。

……

这是一首今人所写的歌颂妈祖的词作，平仄和谐，中规中矩。词牌“定风波”本不表意，但这首词却明显表达了“定风波”的含义：岛上妈祖神庙居于海中央，海神妈祖聆听四方希求，守护大海的风平浪静和人民的生活平安。题名“湄屿潮音”，取自莆田二十四景之一。上阕起笔运用对偶，“万里”与“八方”渲染了空远的意境，潮声与雁鸣似乎在诉说妈祖当年扶弱济贫的故事传奇。后一句总写了圣母庙前鱼龙潜跃的美景与乡人龙舞欢腾的热闹画面，展现了淳朴的风俗民情。下阕首句描写前来朝拜妈祖的人群，海中明亮的灯塔、安全航行的船帆则是妈祖慈悲的回应。最后一句描绘了月色朗照下宁静无波的海面，帆影点点顺水而行，画面令人赏心悦目。整首词意象丰富，画面优美，情景交融中展现了美好的妈祖文化。

（二）妈祖服饰

妈祖服饰是湄洲岛女性的一种传统服饰，经过历代传承和演变而形成了独特的服饰文化。湄洲有民谣：“帆船头，大海衫，红黑裤子保平安。”可见总体取向就是“保平安”。妈祖头饰以帆形髻为主要特征，寓意妈祖心系大海，身许大海，终身不嫁的志向。其梳理的特点为，把头发盘起，在后脑勺梳出船帆状发髻，象征一帆风顺，俗称“帆船头”。妈祖服为对襟饰红边，以海蓝色为主调，代表海水，妈祖裤俗称“红黑三截裤”，其中红色代表火焰，寓意以水克火，永保平安吉祥。湄洲岛女子为纪念和学习妈祖的大爱精神，至今仍流行穿这种服饰，可见妈祖精神扎根于百姓心灵。

（三）妈祖邮票

T1992-12 妈祖特种邮票是为了纪念我国妈祖女神而发行的邮票。发行日期为 1992 年 10 月 4 日，面值 0. 2 元，邮票规格为 30×40 毫米，齿孔度数为 P 度，设计者是万维生，由辽宁省沈阳邮电印刷厂承印。这张邮票的图案是一座妈祖雕像，背景为天蓝色，衬托出妈祖沉静而高贵的气质。妈祖的脸上平静恬淡，展示出她满足而又心怀天下的慈悲之情。

妈祖邮票

由于全方位的尊崇，妈祖从民间的保护神上升为官方规格越来越高的航海保护神。再由于大量文学作品的渲染，达到无人不知、无神能替代的境界，最终成为一种文化现象。这岂能简单地用封建迷信来诠释！

郑和下西洋船队的健康保障

谭金士

明永乐三年（1405），郑和率众乘坐两百多艘大小舰船，开始了七下西洋的历史壮举。郑和下西洋历时 30 年，行程十万余里，访问了三十多个国家，是一件具有世界性意义的历史事件，给后人留下了一笔宝贵的文化遗产。随郑和下西洋的共有 180 名随行的医生。他们长年航行在海上，保障了众多海员的生命健康，也与“西洋”各国就医药学进行了交流，本文称之为“海医。”

郑和塑像

一、“海医”的遴选和人员构成

根据《郑和家谱》和《瀛涯胜览》的记载，随郑和下西洋的人员多达 27 670 人，其中医官、医士有 180 人之众，平均每 150 名海员就有一名随行“海医”，这一数字远远高于明代军队配备医生的比例。如《明史》载，洪武四年（1371），京师陆军三大营共有兵士 207 300 名，配备的医务人员只有 12 人，平均每 17 300 名兵士才配有医官或医士 1 名。又《宣宗实录》载：宣德五年（1430）十月，边关卫所如缺军医可由总兵奏请，由太医院拨用，每 1 000~1 500 人中给医生 1 名。

（一）精心遴选的“海医”

随郑和下西洋的 180 名“海医”中，到目前为止有史可考、有名有姓的有如下人员：

陈以诚，《嘉兴府志》载：“陈以诚，善诗画，尤精于医。永乐间，应选隶太医院，累从中使郑和往西洋诸国，擢院判归。”

彭正，《江南府志》载“彭正，太平府人，永乐间以良医再使西洋。”

陈常，《松江府志》载：“陈常，上海人，世业儒，（陈）常传外氏（外祖父）邵艾庵医，即有名。永乐十五年，遣使下西洋，（陈）常以医士从，历洪熙、宣德间，凡三往返。恭勤厚懿，上官皆器重之。”

匡愚，明弘治本《常熟县志》卷四载：“匡愚，出身世代医家，善医术，征随中使郑和三使西洋，其道大鸣。”

郁震：太仓人，曾三次跟随郑和下西洋，任医官，有“砭（针灸）焫（炙艾）妙术”，因功勋卓著，“授苏州医学正科赐三品”。

吴仲德，《赤松丹房记》载：吴仲德，华亭（今上海松江）人，中医世家，“永乐五年，以名医征隶太医院，达官贵人，以及闾阎士庶，求治病者，往往著奇效，尝三次从诸太监往西洋爪哇、柯枝、锡兰、阿丹等国，经历海洋，往回数万里。”

陈良绍，苏州人，《陈良绍墓志铭》载：“永乐中应荐使海外诸国。”

在随郑和下西洋的已知“海医”中，因身份不同，遴选的方式也是不同的。陈以诚是皇家太医院的医官，所以他是作为郑和的“随从”出使西洋的；匡愚是常熟惠民药局的医官，他被“征从”“中使郑和三使海洋”。而陈常和陈良绍是民间医生，他们是“遣使”和“膺荐使”西洋的，他们在随行“海医”的队伍中不是医官，而是医士。陈常的“遣使”或许是受地方官府的派遣，而陈良绍则是因有人推荐而出使西洋的。那么是谁推荐陈良绍随郑和下西洋的呢？从陈良绍的墓志铭可以看出，他的岳父韩公达是太医院的医官，或许是因为韩公达年老体弱无法随郑和下西洋，因而推荐女婿陈良绍出使西洋。

（二）博学多才的“海医”

古代的医师郎中，多是熟读圣贤典籍的儒生，所以又称儒医，民间有

“不为良相，便成良医”的说法。“学而优则仕”，历经科举，考中举人、进士，取得功名，为官从政；没有考取功名的，便走行医这条道。在古代，读书人大多研读阴阳易理，这是中国古代医学的基本功。

从地方文献有记载的对随郑和下西洋的“海医”片言只语的评价中，我们可以大致了解这些“海医”的博学和高超医术。陈以诚“善诗画，尤精于医”；彭正“良医”；陈常“世业儒，（陈）常传外氏（外祖父）邵艾庵医，即有名”；匡愚“世代医家，善医术”；郁震有“砭（针灸）焫（灸艾）妙术”；吴仲德“名医”。可见，他们大多是家传的世医。

郑和下西洋的船队

为了充分说明“海医”们的博学多才和高超医术，本文以《陈良绍墓志铭》所刊资料作典型说明。

《陈良绍墓志铭》在诉说陈家的世系时说道：“先世居永嘉。六世祖讳文骥，仕宋苏州茶盐常平司干办公事，子孙遂家于吴。五世祖讳子荣，元汾水县儒学教谕。高祖讳天佑，曾祖讳原善，皆仕元平江路医学。正祖讳桓，字希武。考讳谦，字孟敷。皆以儒医鸣。”文中称，陈良绍的六世祖陈文骥在苏州的茶盐常平司做办公事的官，这茶盐常平司是南宋时在路府一级设置的对茶叶和食盐实行专卖的官商机构。官虽小，但实惠。于是，陈文骥便把全家从浙江永嘉迁到了苏州，当时叫平江府。陈良绍的五世祖陈子荣是由儒入仕的，官至汾水县（今山西汾阳县地界）儒学教谕，差不多相当于现在的教育局局长。

陈良绍的高祖陈天佑、曾祖陈原善是医官，都在元代的平江路（今苏州）任医学，这医学既是官办的管理和培养医学人才的机构，也是医官的称谓。秉承家学渊源，陈良绍也成了一位儒医。

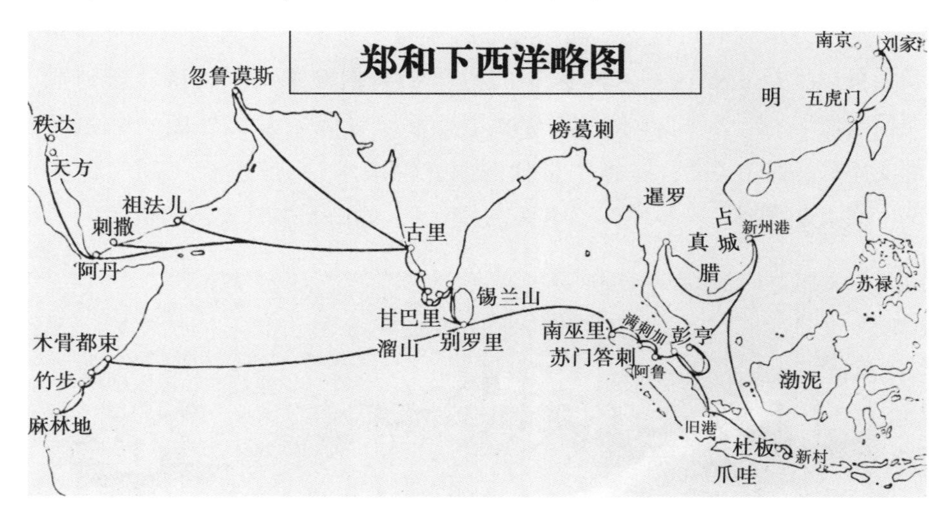

郑和下西洋路线图

儒医不同于民间的游方草医，儒医是三坟五典的饱学之士。墓志铭中评价陈良绍“性坦夷，不为外物累，世其家学。尝从翰林典籍同轩梁先生游，攻于诗，平居所着有《清赏集》”。他性格率直，不愿为官名利禄所牵累，而是积极传承儒医家学。他并与官至翰林典籍的儒学大师梁同轩结为至交，互相唱和，撰有诗赋《清赏集》。

墓志铭说：陈良绍“娶韩氏，太医院判公达之女，先卒。继王氏，翰林侍讲讳进之女。”第一位夫人是皇家太医院判韩公达的女儿，第二位夫人是翰林侍讲王进的女儿。旧时，婚姻重视门当户对，陈良绍的婚配很能说明儒与医的结合性。

陈良绍作为随郑和下西洋的“海医”之一，他不是医官，而是一名普通医士。陈良绍的个人经历和学识充分说明，当年随郑和下西洋的“海医”没有一个是等闲之辈，他们都是博学多才、医术高明的杏林高手。

二、“海医”的困境和医疗实践

（一）海阔天空，困难重重

郑和下西洋时，为什么要大容量、高质量地遴选“海医”呢？

首先，下西洋航程远，续航时间长。13世纪前，船民一般都只在近岸航行，船上的伤病员都是送到陆岸治疗处置的，而郑和的船队是远洋航行，巩珍《西洋番国志》说："航行海上，经月累旬，昼夜不止。"《明史·天方传》说："水道由忽鲁谟斯四十日始至麦加。"其航程每次往返需两至三年，最长一次达13万千米，相当于绕地球三周。

其次，航行区域属气候炎热的热带海域。郑和的船队从江苏太仓启航，经中国海、中南半岛，纵横东南亚一带，过马六甲海峡，越过锡兰山、印度东西岸，直抵波斯湾忽鲁谟斯。再经阿拉伯半岛南岸、红海，直达非洲东部沿岸的索马里、肯尼亚一带。航海海域主要在赤道两侧、南北回归线之间的热带。热带海域全年气温高（平均25度到30度、极值温度达40度以上）、湿度大、闷热多雨、四季变化不明显。海洋上常发生热带风暴，自然条件恶劣，海员们常处于热应激状态。

第三，海员蜷曲于船舰之上，活动范围狭小，作业强度大。虽然郑和的船队是当时世界上最先进的集团化航海船队，但在赤道附近的无风带，依然需要摇橹行驶。据《南京静海寺残碑》记载："永乐三年，将领官军乘驾二千料海船，并八橹船。"这里的"料"是容量单位，"橹"是无风时靠人力驱动船舶前行的桨。据分析，"二千料海船"可载200~300人，"八橹"即每舷有橹八挺，橹大如桅，每挺需15~30人摇动，差不多全船的人员都要一起来划橹才行。如果遇到大风浪，全体船员还得与风浪博斗，劳动强度之大可想而知。

第四，郑和下西洋是和平之师，虽然遵循睦邻友好的行事准则，但是郑和下西洋的征程也是不平静的，除了要与大风海浪搏斗外，还常常会遇到海匪、敌对势力和其他族群的抵抗。如亡命旧港（今印度尼西亚巨港）的海匪陈祖义，横行海上，劫掠商船。又如锡兰王烈苦奈儿欲加害郑和，"乃诱和至国中，发兵五万劫和，塞归路"。因此，郑和的船队一路上还打过几仗，打仗就有伤亡。

综上所述，这样的海上远航，是对海员的体力、耐力、战斗力和心理忍受力的极大考验，要完成这样艰巨的远洋航行，就必须保障海员有健康的身体和充沛的体力，充分的医疗保障措施成为必备的条件。

（二）重在预防，化解温病

根据上述下西洋海员所处环境的分析，"海医"们面临的病症主要有以下几类：

第一类是与内陆居民共生的一般性疾病，这对医术高明的“海医”来说是比较容易医治的。但是，舰船与陆地相比，空间狭小，人员密集，生活单调，海员的心理疾病会比内陆居民多得多。为了转移海员的思乡情绪，“海医”就考虑增加娱乐活动。据传麻将就起源于郑和下西洋的船队，麻将中有“东”“南”“西”“北”风，据称与航海船员关心风向有极大关系，又如“中”“发”“白”则分别代表中华、发财、白浪，“万”“饼（铜）”“索（条）”则代表钱款、大饼、缆绳数（或捕获的鱼），等等。这种民间传说应当是符合实情的，麻将或许就是“海医”们治疗心理疾病的一种手段。

第二类是战伤、海难事故引发的创伤等。作为军事化管理的船队中的“海医”，对此也应当做好充分准备的。

第三类是食物中毒及营养缺乏症。郑和船队有极严密的管理体系，很少发生大面积的食物中毒事故。营养缺乏症在早期航海中大多是因为维生素 C 缺乏导致的坏血病，但郑和船队并没有大面积发生坏血病的记录。这与郑和船队是和平之旅，每到一地都能与当地土著和侨民搞好关系，及时补充食物、蔬菜、果品有关；同时，中医很讲究养身之道，船上储备的干果、酿制品，如酒浸杨梅、话梅、陈皮一类食物本身就含有多种维生素，既是消闲的食品，也是防病健体的药食，特别是茶叶，其本身含有丰富的维生素 C。早在宋代，中国的海船上就有“一舟数百人，中积一年粮，豢豕酿酒其中”的记载。明末罗懋登所写的《三宝太监西洋记通俗演义》第十五回中记载，郑和下西洋的船队中有五种船：九桅宝船、八桅马船、七桅粮船、六桅坐船、五桅战船。八桅马船和七桅粮船就是后勤补给船，船上除养马储粮外，还可养各种家畜家禽，甲板上则种植葱、蒜、姜、瓜之类蔬菜，甚至有花草。充足的食品储备和营养补给，固然是船员的创造发明，但建议大多来自“海医”。

“海医”最难对付的是热带传染病。

马欢《瀛洲胜览》载：“苏门答剌国，其国四时气候不齐，朝热如夏，暮寒如秋，五月七月间有瘴气。”

费信《星槎胜览》载：“古里地闷国，气候朝热暮寒，凡其商舶染病，十死八九，盖其地多瘴气。”“商舶到彼，多由妇女到船交易，人多染疾病，十死八九，盖其地瘴气和淫秽之故也。”

用现代医学来理解，瘴气其实是在高温湿热的气候条件下，病体腐败、病菌传播导致的一种致病环境。它是疟疾、斑疹、伤寒、霍乱、天花等十多种传染病的传播源。后来的西方医学把这些在热带环境下广泛传播的疾病称为热带传染病。在当时，"海医"根据自身所具备的中医理论把因染瘴气所得的病称为温病。

江南吴地是温病学派的发源地，中医温病学派以明末苏州人吴有可的《瘟疫论》一书为标志，吴有可在《瘟疫论》中提出，瘟疫流行是由于"疫邪"由口鼻而入，伏于膜原，然后向表或向里，以九种不同方式传播，于是提出了阻隔"戾气"和治疗温病的一系列方法。但是，一种学说的最终确立是要经过几代人甚至几十代人的艰苦努力的。中医史学者认为，温病学说源于《黄帝内经》，发端于金元时代的南方，盛行于明代的苏南地区，著述于明末清初的苏州医家。上述马欢的《瀛涯胜览》和费信的《星槎胜览》对瘴气和因瘴气引发的传染疾病危害性的描述就显示了早期温病学说的端倪，虽然马欢和费信只是通事（翻译），不是医生，但他们对于湿热致病，以及瘴气和淫秽物传染疾病的认识是与"海医"们的宣教有直接关系的。

从已知的随郑和下西洋的"海医"的籍贯看，郑和遴选的"海医"皆为南方人，这应当是与这些南方医师具有防备瘴气、治疗温病的经验有关。明代初年，江南地区湖荡开阔，河网纵横，堪称泽国，南方商舶自宋、元以来就有与"西洋"各国民间通商和交流的历史。南方百姓经常与水打交道，使用的交通工具多为船舶，夏日里天气炎热，植被情况也大致与西洋各国相似，人们得病多是湿热症，对亚热带瘴疠疫情有所了解，南方一带医生治疗和研究地域病症，积累了宝贵的经验，形成了治疗温病的一整套医方。中医与西医相比较，西医侧重于术，术者治已得之病，中医更重视道，道法自然，除治已病外，更重视通过整体、系统、辩证的方法，调整人的生命体征，使之达到平衡状态，实现预防功能。所谓"上工治未病，下工治已病"。"海医"们更在后来的医疗调查中发现，盛产于东南亚各国的香料熏蒸法可以避除瘴气，郑和船队在东南亚各国大量采购香料的史实正是"海医"们对付瘴气的重要佐证。

（三）减员率低，海医神功

根据史料分析，郑和七下西洋有去有回，没有出现过严重的减员现象。《明史》记载郑和七下西洋，朝中车驾郎刘大夏持反对意见，曾向宣宗（洪熙）皇帝上奏说："三保下西洋，费钱粮十万，军民死且万计，纵得奇宝，于国家何益。"若以刘大夏的说法，郑和下西洋的减员数不到百分之十，这只是个约数。以有明确来去人数记载的第三次下西洋考察，这一次郑和率27 000余众，于1409年10月出发，经马六甲海峡，远抵非洲西海岸，并在锡兰打了一仗，于1411年7月返航归国。《明实录》记载，归来受赏的人数为20 754人，减员6 300多人，减员比例23%略多一点，而且减员者并非全属死亡人员，有的留在了马六甲官厂守卫基地，有的因种种其他原因留在了当地，有的因船只遇风浪倾覆等不可抗力造成人员失踪。再看比郑和第一次下西洋晚了115年的葡萄牙籍西班牙航海家麦哲伦的环球航行，他们于1519年9月出发，当时共有5艘船270人，1522年9月返航时只剩下了一条船，18个人，很多船员死于坏血症和热带传染病，减员数高达93%。麦哲伦的船队上也配备了4名医生，医生与船员的比例高于郑和船队两倍，而减员人数的比例却高出郑和船队减员比例4倍，而且有3名医生还于航行途中病死了。据海洋学家统计，在16~17世纪的200年间，西方各国死于坏血病的海员达100万人以上，而死于热带传染病的则更多。上述的比较或许并不科学，但多少也可说明随郑和下西洋的"海医"对保障船员健康，减少疾亡减员是起到了重要作用的。

三、"海医"的功绩和郑和的神化

随郑和下西洋的"海医"在海外开展的医学交流活动，可以分成三个部分。一是开展卫生状况及流行病的调查，二是采购异邦的药材，三是为当地百姓施药治病。

关于开展卫生状况及流行病调查的情况，在随郑和下西洋的马欢、费信和巩珍所撰写的笔记中都有记载。马欢《瀛涯胜览》和费信《星槎胜览》中关于瘴气和疾病传染的记录上文已述，不再赘言。现再引巩珍《西洋番国志》中的几条：

> "爪哇国：所食槟榔蒟叶就于压腰巾内包裹腹前，行走坐卧嚼咂不止，惟睡着时不食。其槟榔椰子类同茶饭，不可稍缺。"
>
> "天方国：其处气候常热如炎夏，并无雨雷霜雪，夜露甚重，置碗露中，及旦可得水三分。"

马欢、费信、巩珍都是通事，而且都出身行伍，文字水平有限，他们只是以一个通事的眼光和兴趣来观察“西洋”各国。而作为随行“海医”的陈良绍在《陈良绍墓志铭》中记述其一路上的见闻就比较清楚，“凡所经历触目感怀，辄形诸赋咏。所著又有《遐观集》，因别号海樵”。只是这本《遐观集》我们已无缘得见了。同样，“海医”匡愚也写过笔记《华夷胜览》，匡愚撰写的《华夷胜览》一书也没能流传下来，但翰林院修撰、里人张洪为这本书撰写的序文仍然留存在他的《归田稿》一书中，佐证了《华夷胜览》的存在。作为儒医的陈良绍和匡愚的文化水平远远高于上述三位通事，因为他们是儒医，其笔记中一定有更多用医学眼光来看“西洋”的记录。

关于采购“西洋”各国的药材，特别是香料，这在《明史》中有大篇幅的记载。采自“西洋”各国的香料品种繁多，主要有龙涎香、沉香、乳香、木香、苏合香、丁香、降真香、豆寇、胡椒等。这些香料既是奢侈品，也是药材，它们大多具有醒脑提神、除秽避邪的功能。采自“西洋”各国的药材有大枫子、阿魏、没药、荜澄茄、血竭等植物类草药，也有海洋动物类生物药材，如海珠、玳瑁、海龟等。“海医”们从西洋各国采购的药物数量很多，张燮《东西洋考》卷七“饷税考”中曾提及多种药材，当时是以百斤为单位计税的。

“海医”们采购的各种香料和药物，在当时广泛应用于配方治病。张洪的《华夷胜览》序中就提到“海医”匡愚把海外出产的犀角、羚羊角、阿魏、丁香、乳香、血竭、木别子等充实到药物中，以提高医疗效果。

1579 年至 1582 年，明代医学家李时珍在南京调查了静海寺郑和下西洋带回的和药王庙药材市场由海外进口的各种药物，其《本草纲目》也收录了许多出自“西洋”的物产，如占城稻、胡萝卜、番爪、苦瓜、巴旦杏、波罗蜜、五敛子、乌木、木棉、番木鳖、蠵龟、狮子等，他把这些“西洋”物产，作为药物写进《本草纲目》，丰富了我国的中医药学。

关于“海医”们为“西洋”各国百姓施药治病的事虽没有文献记载，但是，我们可以从郑和出使过的东南亚各国有关郑和的传说中考证出来。

曾有学者称，在东南亚诸国，建有郑和的各种寺庙 60 座，而又有学者通过近十年的亲历调查，认为目前在东南亚各国确证可考的郑和寺庙共 14 座，其中印度尼西亚有 6 座，马来西亚有 4 座。由崇敬郑和到崇拜郑和，再到神化郑和，这是民间英雄崇拜的民俗风尚。在这种英雄崇拜和神化英神的过程中，郑和个人与随郑和下西洋的团队逐渐模糊了，神化中的郑和已经成了下西洋这个团队的符号。

在台湾及东南亚一带有很多关于郑和治病的神话传说：

清人陈伦炯《南洋记》载："暹罗（今泰国）番病，每向三保求药，无以济施，药投之溪，令其入浴，至今唐人尚以浴溪浇水为治疴。"

清代康熙年间修撰的《台湾府志》所载"药水"条称："在凤山县淡水社，相传明王三保投药于水中令当地染病者入水沐浴而治疗。"

清代王士祯的《香祖笔记》载："台湾凤山县有姜名三宝姜，相传明初三宝太监所植，可疗病。"

台湾的《凤山县志》则说得更神奇："明太监王三保，植姜冈上，至今尚有产者，有意求觅，终不可得。樵夫偶见，结草为记，次日寻之，弗获故道，有得者，可疗百病。"

东南亚国家的一些物产以及与动物有关的传说也常常带有郑和的印记，更与治病联系了起来。如有东南亚"水果之王"之称的榴莲，流传颇广的一个传说，说那时瘟疫流行，病死者十有八九，于是郑和教人们食榴莲，浑身再涂上榴莲，以榴莲作药消除了瘟疫的传播。

东南亚一带不但有三宝庙，还有三保山、三保城，甚至还供奉着三保脚印、三保矛、三保锚等圣物圣迹。种种传说中流传更多的是三保井。在印度尼西亚的三宝垅有三宝井、茂物有三宝井，在马来西亚马六甲的三宝山也有三宝井。传说这些井都是郑和亲自开掘的，井水长年不竭，清冽甘甜，不但可以饮用解渴，而且可以治病。如印度尼西亚爪哇岛上三宝垅三保庙前侧的三保井，又名"龙潭"，长年不竭的井水被人们视为圣水，可抵御百病，治疗绝症，甚至还能"返老还童，永葆青春"。

在历史的语境中，郑和已成为下西洋团队的代名词，特别是在郑和船队到过的东南亚诸国，船队上任何人做的事都是郑和做的事。例如，关于郑和是否到过台湾，一些学者至今争论不息，但大家都不否认会有离散的船只去过台湾，在民间传说中，把从郑和船队中离散的船只去了台湾说成是郑和去了台湾，完全符合民间传说的特征。因此，从这个角度理解，我们就可以从种种关于郑和施药治病的神话传说中剥离出那些施药治病的事，是随郑和下西洋的"海医"们的功绩。

挖井，既是为了解决饮用水的问题，也是为了取得清洁水源、阻断污染水体，防止疾病传染的有效方法。一般说来在东南亚地区水源是丰沛的，但受病菌污染的水体又是传染各种流行病的媒介，这与江南一带每逢大疫便会大量开挖水井是一个道理。因此，为了获得清洁水体，郑和所到之处都指挥船员大量开挖水井，取水应当是出于“海医”们的建议，这些水井同时也使当地百姓获得了清洁的水源，减少了疾病的传播，这就是东南亚各国“三宝井”崇拜的缘由。

药溪、药浴的传说也出于同样的道理。热带、亚热带地区气候湿热，毒虫叮咬等因素常会引发疥疮一类皮肤病，郑和船队的船员也会得这种病，“海医”们上岸后便会寻找水体并施放治疥疮之类皮肤病的药物，供船员们沐浴诊治。为了取得当地百姓的好感，“海医”们也会为他们施放治湿症的药物，并取得了很好的疗效，这或许就是药溪、药浴传说的来源。

关于药姜治病的说法其实也是“海医”们给当地百姓治病后留下的一段记忆。历史的记忆常常会时断时续，接续的历史记忆会抓住其中的一件事夸大、移植以至神话。榴莲治病的说法或许是颠倒了主次，它的原始形态应当是郑和的“海医”们向当地土著学到的一种治病方法和食用尝试，随着历史的演进而改变了形态，因为神话故事常常由于英雄崇拜而把一切好事、善事移植到英雄名下。但不管神话传说如何演变，我们还是可以从曲折隐晦的传说中，了解到“海医”们与东南亚各国及在台湾地区开展医药交流的真实内涵。

据说在也门共和国依然有拔火罐治病的方法，并说这种方法是当年郑和船队为百姓治病时传授给当地人的，这种方法在阿拉伯语中称“哈贾麦·撒尔宝”，哈贾麦的意思是拔火罐，撒尔宝是伊斯兰教历八月的意思，如果我们把“哈贾麦·撒尔宝”直译成汉语就是“八月拔火罐”，或许它是用最直接的语言记录了那一年八月郑和船队用拔火罐的方法为当地百姓治病的往事。在西亚地区的也门，这种用直白表述记录历史事件的语言，完全没有东南亚各国传说中的情感色彩，而情感是文化传播的发酵剂。

郑和下西洋船队的动力、导航和联络保障

谭金土

航海图片断

关于郑和下西洋，美国历史学家墨菲则在他的《亚洲史》一书中写道："如此大力开拓航海技术和远洋探险在世界范围内来说也是空前的。"

前篇文章讲了郑和下西洋的医疗保障，本文拟从其动力系统、导航系统和联络系统三方面来讲述下西洋的航海技术保障。

一、下西洋船队动力系统的保障

郑和下西洋船队的动力有三种，一是自然风，二是洋流，三是人力。在这三种动力中，自然风和洋流是主要的，人力只是一种辅助动力，即在靠岸或起动阶段使用橹和浆把船推向顺风顺水，然后利用风力和洋流前行。

洋流按成因可分为风海流、密度流和补偿流，万里远航，只有掌握洋流，才能顺势而行。郑和下西洋的船队是帆船，其主要动力是风。我们知道亚欧大陆是世界上最大的大陆，东临世界最大洋——太平洋，海陆热力差异大，因而亚洲南部、东南部和东部，季风气候显著。季风随着季节的

变化风向相反，又由于表层海水在风的吹拂下会沿着一定方向流动，这种现象被称为风海流，是洋流的一种。特别是在北印度洋，受热带季风的影响，夏季吹西南季风，海水按逆时针方向流动，冬季则相反。郑和下西洋的船只根据不同的载重量有一至八根桅杆不等，所挂帆篷从一帆到十二帆不等，他们正是凭借着季风和洋流，风帆高举，完成了七下西洋的壮举。

我们常说一帆风顺，以为顺风时，帆船利用风力最大，向前航行速度最快。其实，帆船的最大动力来源是“伯努利效应”，也就是说当空气流经类似机翼的弧面时，会产生一种向前向上的推动力，正因此，帆船才有可能朝某个角度的方向前进。而当顺风航行时，“伯努利效应”便会消失，船只反而不能达到最高前行速度。

相对来说，帆船在横风的时候，速度是最快的。也就是说，船行的方向和风向接近垂直的时候，帆船速度最快。

逆风时，调整帆的方向，使吹来的逆风鼓动风帆推动船向左前或右前移动，前进一段时间后，再把方向改向另一边，这样逆风时帆船就可以沿Z字形路线前进了。

郑和下西洋的船队基本上都是在赤道附近的低纬度航行，对低纬度太平洋和印度洋季风和洋流的认识是在积累了前人航海经验的基础上得出的。郑和在下西洋前做了大量的前期准备，并从浙江、福建沿海挑选了大量具有航海经验的海员。明代苏州人祝允明在他的《前闻记》中说下西洋时，有官校、旗军、火长、舵工、班碇手、通事、辨事、书筭手、医士及铁锚、木艌、搭材等匠、水手、民稍人等共27 000多人。这其中的火长、舵工、水手、民稍和班绽工就是长期航海的熟练海员，他们有着张帆、转篷、驾舵、锚绽、利用季风和洋流航海的丰富经验。

二、下西洋船队的导航系统

郑和下西洋的导航系统在留存下来的《郑和航海图》和《两种海道针经》中可以看到。

《郑和航海图》其实是对民间航海家和渔民《更路簿》的整理和总结，这种《更路簿》在福建沿海一带的渔民家中还有保存，是重要的航海历史遗存。

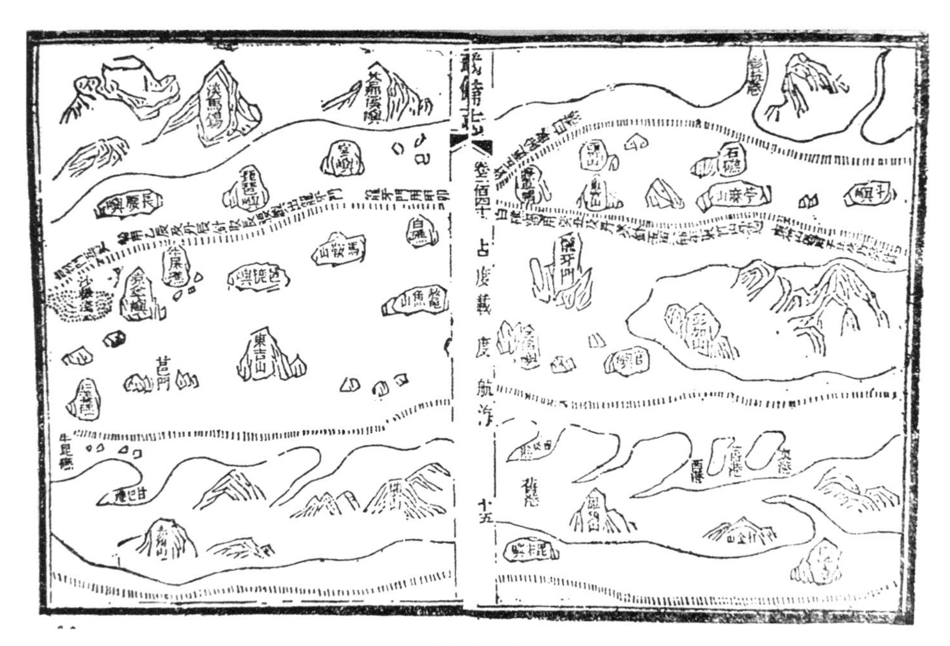

《航海图》

《更路簿》是我国古代沿海渔民航海时用来记录时间和里程的书，“更”是时间单位，比如“三更灯火五更鸡”“默坐数更鼓”等。古时，人们把一昼夜分成十更，一更相当于2.4小时，航海时一更一般可以航行60华里，更路即指一更的时辰约2.4小时海船航行60华里的路程。存世的《更路簿》最早产生于明代，其中详细地记录了西沙群岛、南沙群岛、中沙群岛中岛礁的名称、详细位置、航行针位（航向）和更数距离。如琼海渔民苏德柳、卢烘兰等抄录的《更路簿》，具体标明了航行到西沙、南沙、中沙各岛屿的主要航线和岛礁特征，这是我国人民开发西南中沙群岛最直接的历史见证。《更路簿》中还记录了我国南海诸岛各海域主要的物产，描述生动翔实，是重要的历史文献，具有非常重要的文物价值和历史意义，反映了我国古代渔民的聪明智慧。

郑和下西洋时在民间《更路簿》的基础上整理出了更详细规范的航海图，《郑和航海图》后来被编入《武备志》一书。《武备志》是明代重要的军事著作，是中国古代字数最多的一部综合性兵书，明朝末年由茅元仪辑录，计240卷，200余万字，有图738幅，明天启元年（1621）首刊。

《武备志》中辑录的《郑和航海图》共有20页，高20.3厘米，全长560厘米，包含了500个地名。全图以南京为起点，最远至非洲东岸的慢八撒（今肯尼亚蒙巴萨）。图中标明了航线所经亚非各国的方位、航道远近、海水深度，对何处有礁石或浅滩，也都一一标注得十分清晰。郑和船队的火长，对照航海图所标注的方位、礁石、浅滩等，可以确定海船所在的位置，以便继续前行。

《郑和航海图》还列举了从太仓至忽鲁谟斯（今伊朗阿巴丹附近）的针路 56 条，由忽鲁谟斯回太仓的针路 53 条，共计 109 条针路航线。例如，太仓港口开船，用丹乙针，一更，船平吴淞江。用乙卯针，一更，船到南汇嘴。从苏门答剌开船，用乾戌针，十二更，船平龙涎屿。官屿溜用庚酉针，一百五十更，船收木骨都束，等等。往返针路全不相同，表明船队在远航中已灵活地采用多种针路。

所谓针路，针指的是指南浮针，海船上用的指南针不是简单的司南、指南鱼，也不是指南车，而是将指南浮针装置到堪舆罗盘上后形成的航海罗盘。它将指南浮针装置在堪舆罗盘中心，剔除了其他无关圈层，仅保留 24 个方位的罗盘，简便，一目了然。《郑和航海图》所列针路线上所说的丹乙针、乙卯针、乾戌针、庚酉针就是航海指南浮针罗盘上的指针方位。

当时，掌握这种指南浮针罗盘导航知识的专职人员，称“火长”，为什么这些人称火长呢？

这是因为，航海罗盘是从堪舆罗盘转变而来的，其 24 个方位的分布直接采用了堪舆罗盘的格式。堪舆罗盘来源于汉代的栻盘，在指南针还没有发明的时候，堪舆师是用日、月、星、辰加上土圭法来辨正方位的。到唐朝中叶指南针发明后，指南针可以全天候地为堪舆师辨正方位，所以首先被堪舆师引进了堪舆术中。堪舆术中，杂糅了阴阳五行、八卦等说。五行说认为，南方属火，指南针的针指南，也就是指向火位，故指南针也属火，这样，掌管指南针的人就自然成了掌管火的人，所以被称为“火长”。

航海罗盘

在郑和下西洋的船队中，除了有本土火长外，还聘请有外来的火长，他们被称为“番火长”。番火长长年航行在太平洋和印度洋一线，对海路更熟悉，他们在郑和下西洋的船队中与大明国本土火长相互交流学习，共同为导航做出了贡献。

郑和船队晚上也是要航行的。漆黑的夜晚，航海图上标明的岛礁等，在茫茫的大海上很难辨认，这时如何指引船只前行呢？这就要依靠牵星图了。《郑和航海图》中刊有四幅过洋牵星图，它们分别是：丁得把昔到忽鲁谟斯过洋牵星图、锡兰山回苏门答剌过洋牵星图、龙涎屿往锡兰山过洋牵星图、忽鲁谟斯国回古里国过洋牵星图。这些牵星图上标志了星位、星的高度，如在“忽鲁谟斯国回古里国过洋牵星图”上写着“忽鲁谟斯回来，沙姑马开洋，看北辰星十一指（水平线上 17 度 36 分），看东边织女星七指为母（水平线上 11 度 12 分），看西南布司星八指平（水平线上 12 度 48 分）”。《郑和航海图》中的四幅过洋牵星图是中国最早、最具体、最完备的关于牵星术的记载。

说到牵星图，还要介绍一种测量星辰高度的仪器，这就是苏州人马怀得发明的牵星板。牵星术是一种手握牵星板观测星辰高度的天文航海术，用此牵星术可判定船舶所在方位，再通过计算可得知航程之远近。

关于牵星板，至今没有实物流传下来，唯一的文献记载是李诩所撰《戒庵老人漫笔》一书中介绍的一段文字：“苏州马怀德牵星板一副，十二片，乌木为之，自小渐大，大者长七寸余。标为一指、二指，以至十二指，俱有细刻，若分、寸然。又有象牙一块，长二寸，四角皆缺，上有半指、半角、一角、三角等字，颠倒相向，盖周髀算尺也。”

牵星板是测量星体距水平线高度的仪器，其原理相当于现在的六分仪。通过牵星板测量星体高度，可以找到船舶在海上的位置。具体的操作方法是以一条绳贯穿在大小不一的 12 块正方形木板中心，观察者一手持板，手臂向前伸直，另一手握住绳端置于眼前。此时，眼看方板上下边缘，将下边缘与水平线取平，上边缘与被测的星体重合，然后根据所用之板属于几指，得出星辰高度的指数。

我们现在看到的牵星板模型是根据这一记载复原的，它陈列在泉州的海外交通史博物馆。

郑和下西洋的船队就是靠一批火长、测星师在船上对照岛礁看航海图，用指南浮针罗盘测定方向，通过牵星板测星辰的方位高低来确定方位，牵星过洋，导航远行，以保安全的。

三、下西洋船队的联络系统

先说编队，明代末年，罗懋登写过一本《三宝太监西洋记》，书中是这样描绘郑和船队的布阵和队形的："每日行船，以四艘帅字号船为中军帐，以宝船三十二只为中军营，环绕帐外；以坐船三百号，分前后左右四营环绕中军营外。以战船四十五号为前哨，出前营之前，以马船一百号实为其后。"

罗懋登的《三宝太监西洋记》不是纪实小说，而是神魔小说，他所写的只是自己揣摩设想的郑和下西洋的船队布阵图，与实际情况大有出入。首先郑和的船队没有罗懋登说的481艘之多，根据历史记载，郑和下西洋的船队只有帆船200多条。但是，书中所言前后左右四营千户百户的战船环绕帅船中军，有45号战船为前哨，马船即粮船居后倒是合理的，也是客观的。

船队从太仓刘家港长江口出发，抵达福建长乐港时，根据航行要求和各船种之间的配比，以战船环帅船，大船带中船，小船随中船的方式布阵，成为多层次、多船种的组合。船队重新编组，展开训练，然后等待季风伺机启航。据《西洋记》描述，整个船队编排的队形如展翅的飞燕在大海上航行。

航行的安全距离取决于海船的航行速度，航行速度越快，船只越大，船与船之间的距离应该越大；航行速度越小、船只越小，船与船之间的距离可以缩短。郑和当年一更的航速在30千米，大致一小时航速为15千米左右，现代海轮的航速在15节，相当于每小时航行30千米，比郑和当年帆船的航行速度快一倍以上。为了防止碰撞，每条船之间的距离应保持在百米以上，郑和船队占据的海平面大约在5平方千米左右，在这么大的海面上，船只之间的相互联络是个大问题。

在庞大的船队中，郑和乘坐的宝船和"帅"字号船，组成船队的中军帐，处于队形的核心，能环视周围各船队形，以便于统一指挥。在缺少现代通信工具的明代，船队如何防止船舶掉队、流散或相互碰撞？相互之间如何保持联络？若发生海上战争，宝船上的郑和又如何向舰队传达命令呢？

据文献记载，郑和船队的通信联络方法主要有以下几种：

一是旗帜信号。在我国古代，海船很早就已使用旗帜来通信，旗帜挂在海船桅杆上，不同形状、颜色，不同数量，传递不同的信息。船队白天的通信联络，就是用旗帜来传达的。

二是灯光信号。夜间，郑和船队在桅杆上悬挂不同数量和不同颜色的灯笼来传达信号。这种灯笼以竹篾编制成骨架，用桐油浸涮的丝绵纸糊在外层以防风挡雨。灯笼涂有红、黄、绿三色，按照信号要求张挂在桅杆上，依靠点燃松脂发光。

三是锣鼓与铜钟等击打声音信号。船队在海上航行，遇到雾天或阴雨天，无法用旗帜信号、灯光信号时，就用音响信号联络。通过敲锣击鼓撞钟的轻重缓急发出不同的信号。

四是比锣鼓声音信号威力更大的响器。这是一种叫铳的信号武器，古代用火药发射弹丸的一种火器，如火铳、鸟铳。由于它是引发火药，在一瞬间爆炸发出巨响，所以既是一种仪仗的响器，也是一种联络信号。根据不同数目的声响，可以表示事情的轻重缓急和特需的联络信号。

郑和下西洋时，所有旗语、灯光、声响信号，在每条船上都有专人负责，按照规定的编程层层联络、传达，以保证信息明晰、畅通。

另外，帅船上还配有一种刀鱼快艇，它小而灵、小而快，在帅船和战船及各类专业船之间穿梭联系，下达郑和统帅书面签发的更为明晰的命令、告示。有时，为了快捷传达命令、告示，联络船还将统帅书面签发的文告绑在箭上发射到各条船上。

从都江堰的修建看古人的安防意识

和苗苗

“设计之精密，营构之宏伟，实创科学治水之先例，建华夏文明之奇观；征之四海，亦无出其右者。”这是辞赋家何开四在赋文《都江堰实灌一千万亩碑记》中对都江堰的精准评价。历经时光流沙河的淘洗，世称“治水科学之典范”的都江堰巍然屹立于成都平原之上，默默无闻地造福岷江沿岸的蜀地人民。“科学”一词，既是对都江堰历经千年而不倒的感慨，更是彰显了“乘势利导，因时制宜”周密详实的安防意识。

一、都江堰的建造与李冰父子的安防意识

都江堰，坐落于“天府之国”成都平原上。在古代，这里是连年遭受水旱灾害的危险地带。由于依傍岷山，受亚热带季风气候影响，雨季的时候，降水极多，雨水汇入岷江，沿岷山山脉而下，冲刷带走沿途的泥沙山砾；进入平原，地势舒缓，水流减慢，泥沙堆积，淤塞河道，河水在此汇聚，致使村庄农田淹没，蜀地百姓苦不堪言。旱季，赤地千里，颗粒无收。凡此种种已成为蜀地百姓生活的巨大障碍。防范水旱

都江堰景区入口

灾害、改善恶劣条件、化患为福、保障蜀地百姓安全，成为都江堰修建的一大初衷。

当然，除自然条件外，都江堰的修筑也有特定的历史根源。战国时期，刀兵蜂起，战火纷飞，人民生活在水深火热之中。加之“得蜀则得楚，楚亡则天下并矣”，秦昭襄王五十一年（前256），知天文、晓地理的李冰被委以蜀郡太守（大致相当于四川省长）之重职。李冰上任后，首先决定为百姓根治岷江水患，造福成都平原，这是都江堰修建的出发点。从初衷来看，都江堰的修建既关乎自然，又切乎人文，无不体现出李冰防治祸患、造福百姓的历史责任感与真切实在的安防意识。

在作出修建都江堰的决定后，李冰携儿子进行了实地考察。他在吸取前人治水经验的前提下，率领当地人民大刀阔斧地开始了这一福荫后世的伟大水利工程的建造。

都江堰的整体规划是将岷江水流分为两条，西部的一条称为“外江”，即减轻压力后的主干道，一般称“金马河”，向南一直到宜宾注入长江；东部的一条称为“内江”，引入成都平原，为民造福。总之，力求科学控制水量，切实分洪减灾。

二、都江堰的三大主体工程

都江堰主体工程包括宝瓶口进水口、鱼嘴分水堤以及飞沙堰溢洪道三大工程，三者配合密切，环环相承，既可实现引水灌溉农田之利，又可有效防止洪涝灾害的发生，可以真真切切地达到变害为利、造福百姓的目的，为后世打造出“水旱从人，不知饥馑”的理想家园。其整体的设计与修建过程中处处彰显了李冰父子缜密的思维与周密的安防意识。

（一）凿山引水之宝瓶口

宝瓶口，是湔山（今名灌口山、玉垒山）伸向岷江的长脊上人工凿开的一个口子，是自动控制内江进水的咽喉，扮演着“节制闸”的角色，因其形状似瓶口，故得名“宝瓶口”。宝瓶口担负着分洪灌溉之重任，“春耕之际，需之如金”，因此，又名“金灌口”。

宝瓶口的开凿，是整个都江堰工程的第一步，也是引水分流的关键环节。

古时，每逢大雨，雨水沿玉垒山奔腾而下，如发疯的猛兽急泻入西边

宝瓶口

的江水中，大大增加了江水的流量，导致山洪暴起，淹没周围的土地，而东边由于雨水不足而干旱不已，西涝东旱，给当地百姓带来了莫大的灾难。那么，如何打通玉垒山，将西边的江水引入东边旱区，减少西边的流量，灌溉东边的良田就成了整个工程的首要问题。但凿开玉垒山并非易事。由于阻碍岷江河流的玉垒山的地质构造是坚固无比的砾石岩层，加上当时开凿工具的限制，工程进展极其缓慢。后来，一些经验丰富的老农给李冰出谋划策，集思广议，终于想到了“烧火浇水”之法。李冰领众人先在玉垒山岩上开出了一些沟槽，并在沟槽中放入柴草，点火燃烧，使岩石温度急剧升高，接着又在其上泼冷水，使岩石温度急剧下降，如此反复，终于使得岩石爆裂。这一举措大大加快了工程进度，最终顺利凿出了一个宽 20 米、长 80 米的口子，形如瓶颈，也就是之后的宝瓶口。宝瓶口之西，就是开凿玉垒山分离的石堆“离堆”。

奔流不息的岷江水通过宝瓶口源源不断地流向东部旱区，不仅有效地减少了西边的流量，减轻了洪水对西部的压力，同时也使得东部的农田得到了灌溉，可谓“一举两得”。为了有效地监测防控水量，李冰严格控制宝瓶口的宽度和底高，并命人在岩壁上刻了几十条分划，取名“水则”，这是我国最早的水位标尺。《宋史》中“则盈一尺，至十而止；水及六则、流始足用”，《元史》中“以尺画之、比十有一。水及其九，其民喜，过则忧，没有则困”等记载，皆是对这一水位标尺的具体叙述。

离堆

（二）四六分水之“鱼嘴”

宝瓶口的修建在一定程度上起到了分流与灌溉的双重功效，可谓意义重大，但是，由于岷江东部的地势较高，江水难以自动流入宝瓶口。于是，如何使岷江水顺利东流且保持一定的流量，以便更好地发挥宝瓶口分洪灌溉之功效，便成为整个工程的第二大难题。为了更好地解决这个难题，李冰决定在宝瓶口上游修筑分水堰，把岷江水分为两支，一支顺江而下，另一支被迫流入宝瓶口。这也就是之后的“分水鱼嘴”工程。

“分水鱼嘴”是都江堰水利工程修建的第二步，因其形状似鱼儿的头部而得名。“鱼嘴”位于岷江江心，把岷江分为内外二江。西边的叫“外江”，主要用于排洪；东边的叫“内江”，是一条人工引水渠，主要服务于沿岸的农业生产。

“鱼嘴”设计最为精妙之处要数其位置的设置，它充分利用地形、地势的特点，使得“鱼嘴”的分水随时而变，自动调节水量，极为精巧。后人总结的治水“三字经”里说到的“分四六，平潦旱”，即是对“鱼嘴”这一天然调节水量、自动分流功能的极为精确的概括。也就是说在春天的时候，岷江水流量较小，此时灌区正值春耕，需要引水灌溉，在“鱼嘴”的引导作用下，岷江主流的六成江水汇入内江，保证充足的灌溉用水，有效预防干旱灾害的发生，有力地服务于沿岸百姓的农耕生活与生产；而在雨水泛滥的洪水季节，岷江水流量增大时，“鱼嘴”将自动调节江水，将四成江水引入内江，六成汇入外江，这样便能够有效防止灌区发生洪涝灾害。如此一来，分水鱼嘴“四六分水”，默默地为沿岸的蜀地人民保驾护航，有力地服务于蜀地的农业生产，有效防止了涝旱的威胁。

（三）装石溢洪之飞沙堰

飞沙堰，又名“金堤”“减水河”，位于分水“鱼嘴”的尾部，靠近宝瓶口的地方，是都江堰水利工程的第三大主体工程，集泄洪排沙之功效于一身。在洪水季节，岷江的水流量急剧增大，虽有“鱼嘴”的分水功能与宝瓶口的引水作用，但仍然难以完全免除灌溉区洪涝灾害发生的可能。灌区一旦水量过多，必定会给东区的生活与生产带来极大的破坏。再者，江水从主流倾泻而下时会裹挟大量的泥沙石砾，当河流进入平原，流速减缓时，携带的泥沙碎石便会逐渐沉积，久而久之，无疑会淤塞河道。因此，为了更好地分洪与灌溉，同时也为了减少泥沙的沉积，李冰决定在“鱼嘴”的尾部建筑飞沙堰。

李冰父子率众进行了实地考察，决心采用江心抛石的方法建一条堤堰。当内江水位过高时，多余的水就从堰顶漫过，并入外江。但是，由于江水湍急，石料一投进去，没等下沉就会被江水冲走。正在一筹莫展之际，一天，李冰看到了一位在江边洗衣服的羌族小姑娘，姑娘在洗衣服时没太注意放在江边的竹编背篓，一不留神，背篓差点被江水冲走。这个小姑娘顺势从河边捡起一些石头投进了背篓里，这时负重的背篓成功击败了江水的冲刷，稳稳当当地停在了江上。李冰由此大受启发，他回去之后，立刻召集众多篾匠，就地取材编制竹笼，接着将竹笼中装满卵石，一个个投入江底，就此成功堆筑起了一条泄洪道——飞沙堰。

竹篓卵石

六字格言“深淘滩，低作堰”亦是都江堰的治水名言。淘滩是指飞沙堰一段、内江一段河道要深淘。为了观测和控制内江水量，李冰又雕刻了三个石桩人像，放于水中，以“枯水不淹足，洪水不过肩”来确定水位。他还命人凿制石马置于江心，以此作为每年最小水量时淘滩的标准。“低作堰”是说飞沙堰要有一定高度，但高了进水多，低了进水少，都不合适。于是，李冰将飞沙堰的高度控制在 2.51 米，这样一来，当内江水位过高时，洪水便可以漫过飞沙堰流入外江，使得宝瓶口的水量不至于太大，从而保障灌区免遭水灾威胁；同时，漫过飞沙堰流入外江的水流形成漩涡，在离心力的作用下，河道中的泥沙巨石都会被抛入江滩，再派人等在那儿取走，从而成功地防止了泥沙堆积淤塞河道。古人正是遵循这样的原则，有效地防治了水患，可以说飞沙堰是确保成都平原不受水灾的关键举措。

三、安防工程都江堰流芳千古

历经八年的艰辛努力，集宝瓶口、分水鱼嘴、飞沙堰三者于一体的伟大水利工程终于竣工了，三者密切配合、天丝合缝地发挥着分水、泄洪、排沙、灌溉的功效，造福蜀地人民，成了沿岸人民生产、生活的有效保障。

2019 年 12 月，国家水利部官网公布了第一批“历史治水名人”，共计 12 位，李冰也在其中。这是对李冰“乘势利导，因时制宜”造福百姓的赞扬，也是对其智慧的称颂。

都江堰巍然屹立在成都平原千余年而不倒。为了使都江堰工程更好、更完备地发挥分洪灌溉之功效，人们世世代代都对其采取了周全的措施，付出了不懈的努力。汉灵帝时设置“都水掾”和“都水长”，专门负责维护堰首工程；蜀汉时，诸葛亮设堰官，并“征丁千二百人主护”（《水经注·江水》）。此后各朝，以堰首所在地的县令为主管，负责都江堰工程的管理修缮事宜。由于古代竹笼结构的堰体在岷江急流冲击之下并不稳固，而且内江河道尽管有排沙机制也仍不能避免淤积，因此，都江堰需要定期整修。宋朝时，统治者制定了施行至今的岁修制度，规定每年冬春枯水农闲时进行断流岁修。岁修时，修整堰体，深淘河道，有“穿淘”之称。淘滩深度以挖到埋设在滩底的石马为准，堰体高度以与对岸岩壁上的水则相齐为准。之后，各朝皆沿用岁修制度，继续对都江堰进行维护与管理。明代以来，使用卧铁代替石马作为淘滩深度的标志。如今，宝瓶口的左岸仍存有当时留下的三根一丈长的卧铁，这无疑是古人维护与修缮都江堰工程的证据，也是古人明于防护、善于管理的安防意识的真实写照，更体现出古人为民着想、德泽后世的远见卓识。

在两千多年的时光中，都江堰早已与周围山水融为一体，和谐共生，宛若天成。都江堰是全世界至今为止年代最久、唯一留存的以无坝引水为特征的宏大水利工程，其所彰显的周密详实的安防意识与“乘势利导，因时制宜”的治水经验已被奉为世界水利工程建设的圭臬。宝瓶口、分水鱼嘴、飞沙堰这种三位一体、首尾呼应的工程布局使蜀地人民歆享了“稻花香里说丰年”的无尽喜悦。

运河与古代国家政治安防

沙　石

运河是人工开挖用于通航的河流，目前已知的世界上最早的运河是公元前4000年由美索不达米亚人开挖的。中国开凿运河也很早，广西灵渠凿成于公元前214年，是世界上最古老的运河之一。世界上最长的运河也在中国，这就是著名的京杭大运河。

京杭大运河全长1 794千米，是苏伊士运河的16倍，巴拿马运河的33倍。其开凿经历了漫长的历史变迁，一般认为吴王夫差开凿邗沟为大运河之始。隋代以东都洛阳为中心开凿运河，北接涿郡（北京），南下余杭（杭州），形成了类似“之”字形的运河系统。到元朝时，定都大都（今北京），运河系统由北京向南到临清，直下杭州，比隋代运河缩短了700多千米，成为今京杭运河的前身。

提起大运河，人们往往会想起隋炀帝南下看琼花，却鲜有将之与国家政治、国家安防联系起来的。实际上，运河的开凿首先是国家统一与维稳的需要，是古代国家政治安防的重大问题，是古代国家防控政治风险、避免政权动摇的重大举措。

江南运河吴江古纤道

大运河不仅是封建王朝的经济命脉、军事命脉，更是重要的政治命脉，它维系着封建王朝的政治大厦，对于国家的统一和稳定有着巨大的政治影响。

一、融南汇北　促进政治统一

在中华民族大一统发展的历史长河中，曾不乏混战、分裂，但每次混战、分裂之后都会出现大一统、大发展的局面。抛开中华民族传统思想文化和精神力量的巨大影响不说，运河的开凿对促进政治统一的作用是显而易见的。

江南运河无锡段清明桥

在秦始皇完成统一中国的大业中，运河开凿的作用功不可没。灵渠开凿后，通过湘江与漓江沟通了珠江和长江，不仅推进了秦皇朝对岭南的统一，而且对秦以后巩固南北统一，加强和发展南北政治、经济、文化联系，密切各民族的友好团结，起到了积极的政治稳定作用。

曹操在黄河以北地区大规模开挖运河固然与推进征战有关，但从其宏图大略上考虑更是出于推进政治统一的目的。曹操统一北部中国的政治行动的胜利，与他开挖睢阳渠、贾侯渠、讨虏渠、广漕渠、淮阳渠、百尺渠、白沟等运河水道有着直接的关系。东汉时，政治中心已由秦、西汉时的关中地区移至洛阳，大大加强了中央政权与江淮地区的联系。曹操将政治中心移至黄河以北的邺城，进一步促进了中原与河北地区的政治、经济联系。当时，由邺城向北开挖运河，开辟了中原到河北北部及辽东地区的水路交通线，使得中原与河北地区联为一体。这就为北方的统一奠定了坚实的基础。

隋朝，开凿南北大运河，发展水路运输，开拓漕运通道。在开挖了长达300余里的广通渠之后，于灭陈的前两年，即开皇七年（587），又“于扬州开山阳渎”，为灭陈做好了交通方面的准备。永济渠的开凿，实际上也将中原地区和河北经济区联结了起来。元、明、清三代，建都北京，政治中心北移，西北限于山，东限于海，唯独京杭大运河沟通南北，其中截漳卫可通中原，汇长江可通西南各省，运河在融南汇北、促进政治统一方面起到了不可替代的作用。

二、南拓东延 扩大政治影响

春秋战国时期，各诸侯国开凿运河的普遍目的是为了沟通与其他地区的联系，以便加强对该地区的政治渗透与控制。吴王夫差开邗沟、惠王凿鸿沟莫不如此。邗沟的开凿，使舟师活动的范围突破了原来自然河道的局限，使吴国能够进入中原，争夺霸权。鸿沟的开凿，对魏国政治地位的提高起到了至关重要的作用。鸿沟开通后，魏国建立了直通东方各诸侯国的水路交通线，加强了对东方诸侯的控制，使得魏惠王时的魏国再度强大起来。

秦统一六国后，秦始皇为加强对各诸侯国的统治，于第二年就开始巡行各地，其中三次都是沿着后来的大运河河道，甚至利用舟航前行的，这一行对扩大王朝的政治影响，也对以后大运河的开发起到了积极作用。

隋朝统一南方后，原江南各地的门阀士族仍然拥有较强的经济实力和社会影响，成为破坏社会安定、有可能分裂隋王朝的不可忽视的政治势力。隋灭陈后不久，江南便不断发动豪强叛乱。这些叛乱虽先后被一一平息，但江南社会很不稳定是既成事实。如何更好地控制这一地区，加强和巩固统一形势，成了隋炀帝亟待解决的问题。南北大运河的开凿与贯通，就是隋王朝推出的一项重大国策。杨广即帝位、建东都于洛阳之后，就开通了南北运河，其目的正是为了以洛阳为中心，利用大运河，伸政治触角于南北各个角落，特别是将北方政治的触角大幅伸向南方，伸向江南，从而强化中央对全国特别是江南人力、财力的控制。中国江南由此被纳入北方政治的主轨道，并很快成为中国政治的有机组成部分。隋炀帝杨广率领数十万人的庞大船队下江南巡游江都，其目的除了游逸享乐以外，更重要的是耀武江南，在南部疆域充分显示中央政权的力量，扩大政治影响，以加强对江南的严密控制。

整个大运河的发展历程，和历代政治局势的发展变迁密切相关，与历代统治者扩大政治影响、维护国家稳定密切相关。京杭大运河的改道与各个封建王朝政治、军事中心的转换有着直接的关系。隋朝运河以东都洛阳为中心，宋朝运河以开封为中心，元朝运河则以北京为中心。元代，大运河线路进行了调整，从临清向东南开凿河道，连接黄淮水系，再下接扬州运河、江南运河等旧运河河道，一直南下抵达杭州。这使大运河可以从杭州一路北上，直至大都（今北京）下属的通州，奠定了今天南北大运河的基础，这与元世祖忽必烈建立元朝及定鼎大都，全国政治局势的变更有着密切的关系。

三、波通千里　加强思想控制

由于运河区域始终处于全国政治、军事、经济、文化的重要位置，因此在某种意义上说，谁占据了运河区域，谁就拥有了稳固的政治统治，谁就可以控驭全国。正因如此，大运河区域就成为历代封建王朝着力控制的最重要政治区域。宋、元时期，皇朝政治中心北移后，皇朝统治呈现出强烈的大一统色彩。特别是元朝实现全国统一以后，我国再也没有出现过大的分裂，从而奠定了祖国大一统局面的坚实基础，加强了国内各民族间的密切联系和往来，进一步加强了中华民族的凝聚力和向心力。

江南运河苏州段

康熙皇帝、乾隆皇帝是清朝乃至整个封建王朝中著名的皇帝，他们在位期间，各有六次沿运河南巡江南，主要原因和主要内容就是加强清朝对东南地区的思想统治。东南地区是清朝入关后抗清斗争最为剧烈的地区之一，江南则是全国经济、文化最为发达的地区，漕粮赋税极为沉重，导致阶级矛盾、民族矛盾相互交织。康熙皇帝、乾隆皇帝十分清楚东南运河地区的重要性，并深知要控制整个东南，首先必须控制住东南文人的思想，因而十分注重笼络读书人，优待文人、尊崇儒学。乾隆皇帝南巡时，题词做诗，广交文人，以显示自己的文学才华，争取文人的认同。据统计，康熙皇帝六次南巡仅在江宁一地所作诗篇就有 284 首。他还通过祀典的形式，从思想上、文化上安抚和笼络读书人。与此同时，恩威并举，大兴文字狱。乾隆皇帝统治中国 60 余年，文字狱之多，远远超过了顺治、康熙、雍正三朝，在中国古代历史上前所未有。仅乾隆十六年（1751）至乾隆四十八年（1783）的 30 多年间，就有大小文字狱 130 余起。这些血淋淋的文字之祸，许多都发生在经济发达、人文荟萃的江南运河流域。

四、控制漕运　维系社会稳定

晚清政治家康有为曾说："漕运之制，为中国大政。"这句话精辟地概括了漕运在中国历史上的重要地位，也间接地道出了漕运与中国集权政治的关系。

漕运最直接的目的，就是向封建王朝的政治中心——京师大规模调运粮食等物资，以满足各方面的需求。"国家不可一日无漕"，漕运关系着历代统治中心的安危存亡，被统治者认定为"天庾正供"。漕粮维系着整个封建王朝的生存与稳固，是保持封建国家中枢机关政治稳定的物质基础。

漕运维系着中央政权的稳定与发展。实际上，历代王朝在大力发展漕运的同时，直接掌握了各地最重要的财政收入，客观上削弱了地方的物质基础，极大地扼制了地方势力的崛起。每当地方势力膨胀之时，漕运往往成为争夺的一个焦点，中央和地方都企图牢牢控制漕运，以削弱对方。中唐以后的形势便是典型的例子。陈寅恪先生曾精辟地指出，"安史之乱"以后，唐王朝仍然能够支撑多年，这是与东南漕运的支持分不开的。

北宋皇朝凭藉四通八达的运河网建都开封后，就不遗余力地强化在运河区域的政治统治，一再反复强调："天下利害，系于水为深。"从北宋初年起，朝廷加强中央集权，先后实行了政权、军权、财权以及司法权的高度集中，同时加强了对地方社会的控制。其重大措施之一，就是仿照唐制设诸道转运使，把"路"作为地方最高一级行政区域。而在进行路级行政的建置过程中，不论是诸路的疆界划分，还是路级行政机关办公地点的确定等，运河区域都处于相当突出的地位。

按照北宋制度，路级行政机构主要有转运使司、提点刑狱司、安抚使司等监司，其中最重要的是转运使司，主掌一路财赋、纲运，故又称漕司。漕司的设置与分合，有宋一代多次变化，从各路转运使司的治所来看，诸路治所主要设置在交通枢纽、来往便利的运河沿岸各大中城市，只有极少数设在水路不通的陆路交通枢纽所在地。诸路政区分合变动比较突出的，也主要分布于运河区域的各路。宋代转运使司的建置、升迁与分合，作为宋代统治者加强地方控制的重要政治措施，其变动与水运便利、交通发达的诸运河水路密切联系在一起，正反映了宋王朝是把运河区域视为社会统治的重心。

不仅如此，南北运河对整个社会的稳定起着极大的促进作用。元代，修通京杭大运河，自此再也没有出现过长期的南北分裂、四方割据局面。这恐怕不是一种巧合。在加强中央政权的稳固、维护王朝统一格局的同时，封建政府还频繁地利用漕运调控社会、赈恤百姓、消弭各种不安定因素，稳定社会秩序。诸如自然灾害引发的灾荒、流民、物价波动等问题，奸商囤积居奇、买空卖空以及战争等人为因素引发的粮荒、米价波动等问题，都是社会动荡的隐患。对此，历代封建王朝都极为重视，会利用发达的水运网络，四处调运漕粮，赈济灾荒、平粜市价以稳定社会秩序。封建政府为行使部分宏观调控的职能，也在沿河的主要城市和水陆交通枢纽设立粮仓。隋、唐时，大运河沿线有含嘉仓、洛口仓、河阳仓、黎阳仓等，都是用来储藏关东漕粮的。又如明、清时，京杭大运河沿线有淮安、徐州、临清和德州“四大名仓”，都是用来储藏北上漕粮的。影响深远的“常平仓”，就是在唐代为平抑物价而创立的，后来成了官方以市场手段平抑物价的代名词。依托这些粮仓，封建政府可以开仓济贫，调拨粮食，平抑物价，执行一定的社会保障职能。这种现象在各统一王朝常年可见，如唐、宋漕运调剂补缺的社会功能，元代漕运的代漕形式，明、清漕运赈济、平粜以及战后抚民等广泛的社会作用，无不说明了漕运在封建社会的制衡特性。为减轻天灾人祸对社会肌体的破坏，封建政府一般都比较重视备荒、救荒工作，运河的沟通功能便可发挥重大作用。

综上所述，在中国封建时代，运河的开凿对于历代统一王朝的政治安防具有无可替代的作用。中央政权的稳固、地方势力的限制、边境力量的加强、社会不安定因素的消除等都是政治安防所必不可少的。而京杭大运河在中国封建社会漫长的历程中，始终是维系中央集权政治及南北统一稳定的重要生命线。

运河与古代国家军事安防

沙 石

与中国长城的意义一样，京杭大运河亦是人工改善中国地缘政治、军事条件的杰作。大运河作为中国古代水陆交通大动脉，不仅是历代皇朝的政治命脉、经济命脉，也是重要的军事命脉，在军队调动、军需运输等方面发挥了极其重要的作用。

一、重军驻节，强化军事控制

军队作为国家机器的主要组成部分，是执行政治任务的武装集团。为了维护封建皇朝的根本利益和巩固皇朝的政治统治，历代统治者都十分注意对城市和水路、陆路交通节点的军事防范，强化军事控制。运河区域历来是军事防范的重点区域，特别是到了宋、元时期，南北运河已成为贯穿皇朝政府的政治重心地带，因此，在屯驻军队和军事防范方面，运河地区已成为最重要的地区。

北宋时期，防守出戍各州军首府的称“屯驻”；驻守于各路重镇，并关联若干重镇，成为一大军区的称“驻泊”；由于军队驻戍地粮草欠缺而移驻到粮草丰足地区的，称为“就粮”。据史料记载，北宋时期，禁军的屯驻、驻泊和就粮，其军事驻防的主要地区即是京畿以及沿运河的两岸地区。史称，“国朝禁兵，多屯京师即畿内东南诸县”。《宋史·苏颂传》称，就粮军亦多分布于经济最发达的运河两岸地区。

到南宋初年，各屯驻大军亦主要分布在淮河以南的运河、长江等水运交通便利之处，如刘光世军屯驻镇江、池州、太平诸处，韩世忠军屯驻江州、江阴诸处，岳飞军屯驻宜兴、蒋山诸处。各州都统司所属军队也以这些地区为最多。

元时，江南地区戍守的重点，也主要是运河及沿江临淮地区。所有这些布署措置的用意，都是为了防卫联结北方政治中心与南方经济重心的关键地带——运河地区。元世祖末年，江南沿运河江淮诸重镇城市还置有若干行枢密院，如至元十九年（1282）于扬州、岳州立行枢密院，至元二十一年（1284）又立沿江行院，至元二十八年（1291）复置建康行院和鄂州行院。同时，还重点补充沿运军镇的戍兵数额。

苏州铁岭关

如此部署军队的用意，就是为了保障连接北方政治中心与南方经济重心的关键地带——运河重镇的安全。以运河重镇济宁为例，元初，经漕运至京都的粮米百万石，其中，通过济宁所运漕粮达 30 万石。为了管理漕运，朝廷在鲁桥（今微山县）设立都漕运司使，并设济宁兵马司，驻扎辅漕兵士 1.2 万人。明代在济宁设立总理河道军门署，并设司运军事机构，驻有两个兵备道和两个卫，每卫有兵丁 5 600 人，共驻卫兵 1.2 万人，此外还常常派驻其他军司。明永乐十八年（1420），行军司马樊敬受命提兵 10 万镇守济宁，使济宁成为一大军事重镇。

清顺治初年，河总杨方兴奏请设河标中军副将署，作为河道总督直隶机构，司运最高军职衙门，驻节济宁州。河标中军副将为总河副职，河标兵丁主帅，从二品，职责为总理运河营防，掌管催调，护送漕船，震慑沿河码头治安。河标中军副将署下辖沿运河河标营和卫。河标营兵丁分两种：一是驻防兵丁，与一般军队相同，但以防卫河道及漕运为主要责任；二是绿营河兵，每营定制 1 000 人，驻扎在沿运河各码头重镇。明、清以来，凡重要码头，边防要地均设卫署，一般是一地一卫，平时屯田，有事听调。而济宁始终是两个卫，清代驻济宁卫有济亨卫和临清卫。

清代在运河沿岸的北京、顺德、沧州、德州、徐州、镇江、杭州等地驻有旗兵，在天津、通州、临清、德州、东昌、镇海、苏州、杭州、湖州、嘉兴等地驻有绿营兵，建立起了清朝在运河区域的军事统治。由此可见，对运河管理并非普通的行政管理，运河城市都布置重兵把守，河道总督也由高官担任，非此不足以守住作为国家经济命脉、军事命脉、政治命脉的大运河。

二、助军馈军，保证军队稳定

建立和维系一个中央集权的庞大帝国，政府除了必须具有强大的经济力量外，还必须具有强大的军事力量。

历代政府为了维护统治秩序、平息内乱外患，历来重视军队建设。军队大多布置在都城、地方统治中心和军事战略要地，这些军队驻防、作战所需的大量军需，大部分都需通过交通运输从各地调运。运河作为重要的交通路线，加强了区域间的政治、军事联系，方便了军队的调动、军需物资的运输，为统一国家、拓展疆域、强化军事控制提供了最为便利的条件。历代政府重视开挖修治运河，正是看中了它在水路交通方面极其重要的纽带作用。

邗沟是大运河最早开挖的河段，其开凿的目的主要是军事用途，即吴国欲称霸中原。秦朝开凿灵渠，将湘江与漓江连接起来，沟通了长江与珠江两大水系，保障了秦军对五岭的征服与统治。汉武帝时，向东南及南方地区运送兵员及军事物资，主要依赖水路及灵渠，进入珠江流域，达到番禺。三国时期，曹操是一个善于将运河用于战争的军事家，他在与袁绍政权及北方民族的战争中，每向前推进一步，就要开挖运河以供给粮饷，解决军队的粮草运输问题。他开凿的一些河段，后来成了隋代永济渠的前身。

隋文帝开皇七年（587）为准备伐陈，为运输兵粮之需，于扬州开凿山阳渎，灭陈一役，山阳渎起了非常重要的作用。后又开挖通济渠，该渠在隋炀帝发动对辽东的战争中成了一条繁忙的运输线，军粮、军械、兵士等，源源不断通过这条水道运往涿郡。

唐中叶以后，中国经济重心南移，出现了政治、军事中心与经济中心南北分离的新格局，作为南北水陆交通的唯一通道，大运河成了将国家政治、军事中心与经济中心紧密联系起来的最重要纽带。

唐玄宗时府兵制为募兵制所取代，军队给养由自备转为政府供给。当时，军队给养成为漕运的主要目的，漕运量决定了国家养兵的数量。

唐朝西北边塞屡屡吃紧，大量军需经运河运往西北。张籍《西州》诗载："羌胡据西州，近甸无边城。山东收税租，养我防塞兵。"从南方调运来的粮食物资，使得京城民食无忧，军需有依，运河功不可没。唐代中晚期，战乱频发，大运河漕运在稳定军心民心、扬威诸藩诸夷、维护政权中发挥了重要作用。因此，唐朝在经历了"安史之乱"以及"藩镇割据"之后，仍然顽强地维系了一个多世纪。

北宋时，漕运依旧是军国大计，朝廷几乎全赖江南租税财赋调运至汴京，以维护其庞大的军政开支和奢侈用度。当时，漕运以汴河为主。淳化二年（991）六月，汴渠在汴京附近的俊仪县决口，宋太宗亲督堵塞，并感慨地说："东京养甲兵数十万，居人百万家，天下转漕，仰给此一渠水，朕安得不顾。"（《资治通鉴长编》）南宋偏安杭州，江南运河和浙东运河所构成的漕运网络体系，成为维持南宋政权的重要运输通道。

明初，京师有军民近百万人，明成祖以后逐渐增至 280 万人左右，迁都北京之后，漕运量骤增。尽管明初曾实行以屯养军，但是，屯田为时不久就逐渐被破坏。京师和北方的巨额军粮，不得不依赖漕运，所谓"漕转东南粟，以给中都（北京）官；又转粟于边，以给（军）食"。名人邱浚所言"用东南之财赋统西北之戎马，无敌天下矣"道出了大运河对北部边疆安防的重要意义。

清代京师附近驻扎着数十万八旗士兵，"京师根本重地，官兵军役，咸仰给于东南数百万之漕粮"，八旗兵所领的甲米最多，京师漕粮分配，"每年支放八旗甲米约二百四十余万石"，占全年漕粮总额的 3/5 以上。因此，统治者非常重视漕运，"漕粮为军国重务，白粮系天庾玉粒"。

可以说，历史上各统一王朝，御边患、制天下的传统军事、政治格局的长期维持，无不依赖大运河的漕运支持。

三、以水为壑，用于平乱御敌

在长达两千多年的中国封建社会中，不少时候充满了战乱。其中，有群雄争夺霸权的纷争，割据政权与中央政权之间的战争，也有少数民族与中原汉民族、汉王朝之间的战争，还有各时期大小不一的农民起义等，在这些争斗或战争中，双方无不把运河区域作为必争之地。特别是在南北分裂或进行统一战争的时期，对运河沿线管控权的争夺，往往非常激烈。在

苏州枫桥

历史上，徐州、扬州、楚州、泗州都曾发生过许多次著名的大战、恶战。其实，这些城市都处于平原地区，没有难以逾越的险阻要塞，而守者誓死不舍、攻者亏折不弃，全因一条运河而已。所谓“南必得而进取有资，北必得而饷运无阻”（乾隆《淮安府志》），一语道出了其关键之所在。封建王朝在其统治过程中，十分注重运河区域以水为壑，利用运河平乱御敌。

唐代武则天执政时期，柳州司马徐敬业等聚于扬州，利用扬州的地理优势发动叛乱，朝廷就充分利用汴河，为 30 万唐军的调动和军粮等物资的供应提供运输上的方便，平息了这场发生在运河线上的叛乱。

在平定“安史之乱”的斗争中，唐朝政权也极其重视对运河沿线军事战略要地的守卫，有许多重要战役都在这些地方展开。围绕着夺取运河沿线城市、控制运河运输线和江淮财赋来源的大战役就有平原之战、雍丘之战、睢阳之战和南阳之战。汴河成为朝廷输送江淮物资的生命线。

唐朝后期，浙东裘甫起义、徐泗地区庞勋领导的农民起义，也都发生在运河区域。北宋中期的王伦起义、王则起义和北宋末年的方腊起义，分别发生在沂州地区、北方运河沿线的贝州（今河北清河）和江浙地区。宋江起义的根据地，就在贯通广济运河的梁山泊地区。元朝末年，农民起义军中较为强大的有起于颍州的刘福通，起于继黄的徐寿辉、彭莹玉，起于濠州的郭子兴，起于泰州的张士诚，起于徐州的李二等，他们都在运河一带活动。正德年间，刘六、刘七农民起义，采取流动作战方式，转战于运河地区，先后进攻、控制、占领了大运河畔的兖州、邳州、镇江、仪真、瓜州、南通狼山、江阴等地。

从明朝的统一战争看，在朱元璋平定群雄，如南方张士诚、方国珍等，北伐推翻元统治的过程中，运河地区都是全国的主战场之一。明初“靖难之役”，燕军与朝廷的对抗也主要在运河边上展开。

清咸丰元年（1851）爆发的太平天国起义，在定都天京（今南京），建立了与清王朝对峙的政权以后，随即东征江浙，取镇江，三进扬州，打击清朝在江南的统治，并扩大战果，攻占了运河重镇苏州、杭州，开辟苏浙根据地，一度使清朝在江南的统治陷入危机。

不仅在国内，大运河在抵抗外国入侵中也发挥过巨大的作用。明朝中期，日本海盗倭寇入侵，其侵扰的就是包括大运河中段、南段在内的东南地区，运河地区的人民为抗倭做出了巨大努力，也建立了不朽的功勋。

江南运河沿线的苏州盘门三景

明万历年间，日军入侵朝鲜，朝鲜向明王朝求救，为防止唇亡齿寒局面的出现，明朝廷派援军入朝抗倭。为了保证军需供应，明朝廷主要通过运河从内地筹集调拨大批军粮。运河为前线浴血奋战的中朝将士提供了充足的给养，朝鲜战场上再也没有出现战争前期前线粮草匮乏的现象，最终取得了战争的胜利。可以说，运河续写了明代中朝友谊的新篇章。

运河与古代国家社会安防

盛维红

社会整合与族群、社群的认同、融合是多民族国家的普遍现象，是历史发展的必然趋势。古今中外族群或社群共同体的形成、变化、发展，都与社会整合及族群、社群的认同与融合紧密相关，从而使社会体系中既互相独立又互相联系的各个部分之间互相顺应，形成均衡状态。如果社会缺乏整合，社会矛盾就会日益尖锐，造成严重的社会问题，甚至出现社会动乱，影响社会生活的正常进行。中华民族就是一个基于长期交流与整合而形成的具有丰富内涵的联合共同体。社会整合及族群、社群的认同与融合是中国历史上的进步现象，而南北大运河的开通及由此形成的运河经济与运河文化对于社会整合及族群、社群融合，对于中华民族的形成与发展、对于社会的良好运行有重要作用。

一、迁徙杂居，促进族群认同

族群、社群的认同是族群、社群间经济、文化以及生活习惯密切联系的结果，是一个互相渗透的过程。大运河对于族群、社群认同融合的影响和作用主要与历史上族群、社群的迁徙和人口流动密切相关。正是通过各族群、社群被迫与自愿辗转流动至运河地区，形成相互交错杂居的局面，才可能有经济、文化的频繁交往和彼此感情的沟通，才可能有广泛的族群、社群的认同。

族群或社群的分布与迁徙是一个异常复杂的动态演变过程。既有来自各族群或社群内部社会进化、拓展生存与发展空间的原因，也有来自外部，诸如来自中原王朝和汉族的渗透扩张，以及来自北方各游牧民族不断南下所形成的巨大压力等因素。不管出于什么原因，其扩散的方式与途

江南运河苏州段吴门桥

径，往往是逐水而流动。从民族历史发展的纵向上看，商周开拓边地，秦汉移民戍边，东晋五胡问鼎中原，南北朝隋唐民族大融合；五代以降，契丹女真南下，蒙古族、满族入主中原，以及战争和各种社会、历史、自然因素，致使各民族间的汇聚、分解、融合时有发生。其中几次大规模的民族迁徙、杂居融合都与大运河的开凿有关。

春秋战国时期的民族认同与融合，与战争期间的民族流动迁徙与杂居、各国执行开拓疆土的政策有直接的关系，由运河开凿而带动的交通的发达，也是民族认同与融合步伐加快的一个因素。如邗沟、菏水的开挖，为南方吴国的北上争霸架起了桥梁，也为越族势力向北发展提供了条件；南方运河的开挖，加强了越族与楚地华夏族融合的步伐；鸿沟水系的建立，促进了原地处西方的魏国与东方各国人民之间的交往与融合。

秦统一六国以后，在长城以内的黄河流域包括鸿沟、菏水流域和邗沟流过的地方，非华夏族已基本上消失，余者大部分被华夏民族同化，成了华夏民族的一部分。

西汉时期，也有不少匈奴族和其他少数民族移居关中运河区域。西汉设置“越骑校尉，掌越骑”，设置“长水校尉，掌长水宣曲胡骑”，“又有胡骑校尉，掌池阳胡骑，不常置”。据《汉书·百官公卿表序》记载，武帝派遣的征讨闽越的军队，攻入闽越，越王投降，汉武帝乃迁其民于江淮

江南运河塘栖运河人家

间，与当地人民杂居。

东汉定都于洛阳，边疆地区少数民族因各种原因迁居洛阳所在的东部运河区域的人数甚多。东汉中期以后，内迁的匈奴人势力不断壮大，原来居住在边地的少数民族进一步南下。迁居来的匈奴和其他少数民族，由于长期与汉族杂居，必然受到汉族文化与农业经济的影响，他们落后的生产方式逐渐改变。而进入运河区域的匈奴人及其他少数民族更直接启动了被强制汉化的进程，他们的汉化程度更高。

魏、晋之际，北部和西部边地少数民族为求得较好的生存环境，不断向内地迁徙。汉族统治者为了加强对少数民族的控制和增加内地的劳动人口，经常招引和强制他们内迁。自西晋后期起，朝政混乱，社会动荡，对边疆地区的控制能力减弱，少数民族内迁的活动更加频繁。这个时期，迁居运河区域的少数民族主要有匈奴、鲜卑、羯、氐、羌五个民族，史称为“五胡”，他们逐渐与运河区域的汉族及其他民族融合为一体。

魏、晋时期，进入运河区域的少数民族经过了 200 年，到北魏统一北方时，已基本上完成了汉化的过程。在拓跋部进入运河区域特别是定都洛阳后，北方少数民族又大量涌入运河区域，从而开始了新的融合过程。

北魏后期，由于政治中心固定在运河区域，所以北方边镇的鲜卑族和其他少数民族又不断地进入中原运河区域，虽然其中有的少数民族贵族抵制汉化，少数民族汉化的趋势仍在继续。

在北宋—辽—西夏、南宋—金—西夏对峙、纷争、冲突与逐步走向统一的过程中，大运河地区是双方争夺的重点区域，由此引起的民族间的迁徙、杂处，也是明显的。如源于黑水靺鞨，崛起于东北的女真，灭辽亡宋建立了金。金灭辽，承继了辽文化，直接与汉文化相碰撞。尤其是在南下的过程中，金把大批俘获的汉人迁往东北，又把大批女真人迁出故地，散居运河汉族地区。

宋、元时期，运河区域社会经济的繁荣与文化的发达，吸引着各少数民族以及国外商旅大量内迁与留居，使运河区域逐渐成了各民族杂居最集中的地区，其中有大批内迁的回回人、犹太人、蒙古人、也里可温人、契丹人、女真人等，以至出现了某些方志中所称的“主户少而客户多”的状况，这里的“客户”多指内迁的各少数民族。据《至顺镇江志》记载，元代镇江路有主户16万余户、61万余口，其中“侨寓户”即达3 845户、10 555口，包括蒙古人、回回人、也里可温人、契丹人等，比较典型地反映了当时运河区域尤其是运河城市中各少数民族留居的情形。

继宋代以后，又有大批犹太人从陆路、海路来华贸易。元代，犹太人来华数量大增。元代来华的犹太人，除一些被编入军旅外，多数还是商人，经商贸易是他们主要的生活内容。为了经商的便利，他们大多居住在经济、文化交流广泛的运河区域。

二、全河一统，推进族群交往

中国是一个多民族国家，我们的祖先大都沿黄河和长江两大水系栖息。因相距遥远，加上自然地理条件和发展先后不同，相互之间在性格、风俗、生活方式等方面存在差异，运河的最大贡献是在这两大水系之间架设了一条南北通道。千百年来，南北各民族就是利用这条通道频繁交往，相互了解和学习，最终导致融合、进步。

东晋十六国并立和南北朝对峙时期，与汉族及其前身华夏族有着密切联系的各族，他们出现在运河领域政治舞台上以后，骤然间加快了民族融合的过程。在北方，史称“五胡”的匈奴、鲜卑、羯、氐、羌等塞外民族纷至沓来，这些民族在运河区域与汉族长期杂居相处与通婚中，互相依存，建立了千丝万缕的联系。渐渐地，他们与汉族在经济、文化、语言、服饰、姓氏、习俗乃至宗教信仰上的差异逐渐缩小，并逐渐融为一体。

在唐代，西南的吐蕃、南诏，西北的回鹘、高昌，东北的契丹，这些民族除了派人前来长安外，还进入经济已较北方发达的南方运河地区城

浙江塘栖运河七孔桥

市，加强了各民族间的文化流通。长安和运河地区城市内各族人民和各国来访者的交往联系，以及由此而形成的融合趋向，是隋唐时期尤其是唐朝民族交往融合的典型反映。

辽、宋、夏、金、元时期，各大政治实体之间在冲突与纷争的同时，还通过遣使、朝贡、互市、联姻等方式频繁交往，进行更为广泛的经济、文化交流。其结果是，不仅有大量的少数民族融合于汉族，还有不少的汉族融合于少数民族。如契丹人在南宋时大批进入中原和运河区域，至元代中叶已被元朝政府视同于汉人。女真人的内迁从金太宗时至金末，一直没有停止。他们在运河两岸与汉族人民错杂而居，互相通婚，改用汉姓，提倡儒学，女真人的民族特色已逐渐丧失。

清代是我国统一的多民族国家巩固的一个重要时期。较之前代，这时的民族融合、民族交往波澜壮阔，高潮迭起。早在清军入关时，满、汉之间已经有了接触。清军入关后，满族大批迁入关内，往南进入运河区域，客观上打破了满、汉之间的地域界线，形成了交错杂居的局面。

三、交融整合，提高族群素养

在中华民族发展的历史长河中，各民族思想文化上的相互交融、认同从来没有停止过。先秦时期，华夏文化自诞生之日起，就不断地辐射、膨胀，吸收新鲜血液，为秦汉“天下为一，万里同风”的大一统文化格局奠定了基础。自汉以后，儒、释、道相互融合，成为中华民族共同的精神力量。魏、晋、南北朝时期，游牧或半游半牧民族的“胡”文化与中原农耕民族的“汉”文化激荡交汇，在冲突中走向融合。隋、唐时期，统治者提倡“华夷一家”，为各民族文化的交融与渗透，提供了宽松融洽的气氛。宋、辽、夏、金、元时期，各民族文化又在涤荡起伏的历史巨变中，经受了进一步的锻造。明、清时期，中华文化系统内再次出现各民族文化整合的高潮。就这样，经过悠悠数千年的不断碰撞和交融，中华传统文化形成了一个多源汇聚的庞大体系。其中，运河经济与运河文明无疑起着重要的作用。由于受我国地理形势西高东低特点的影响，我国的主要大河如长江、黄河都是由西向东流入大海，加之秦岭、南岭等山脉横亘东西，将我国大地自然分割开来，在生产力低下、交通不便的情况下，成为阻隔南北交往的天堑，也就成为南北文化交流的巨大障碍。隋炀帝时期，由于以洛阳为中心的南北大运河的开凿，沟通了黄河、淮河、长江，形成了以运河和长江、黄河为干线的南北、东西的交通航线，这就不仅仅贯通了由杭州经洛阳到涿郡的交通，而且通过长江、黄河、淮河等，还与局部独立的天然区域贯通起来。运河像一条大动脉，使南、北、东、西文化的交流日趋活跃，也使生活在运河区域的各民族进一步交融整合，从而提高了整个民族的素养。

运河地区是以汉族为主体经营的农业发展带，是发达的农耕经济区，而秦长城以北是历史上以北方民族为主体经营的游牧和狩猎经济发展带。不同的经济类型具有一定的互补性，但在历史发展的任何时期，大运河发达的农耕经济，一直对周边地区各族群起着凝聚和核心的作用，形成了很强的吸引力和“向心力”。这种农业文明蕴藏的力量，使许多进入汉民族地区农业社会的民族不同程度地融入汉族。

大运河发达的农耕经济及由此造就的农业文明是各族间相互依存彼此融合的重要经济基础。

理念和精神文化的融合，是民族融合的基础。理念的趋同使民族的心理素质走向一致，民族的认同感由此而产生。故而，作为意识形态的精神文化在民族融合中起了决定性作用。以儒家文化为核心的理念和精神是民族融合的基础，众所周知，我国的历朝统治者，都自视是儒家文化的承载者，负有对万民教化的责任。统治者通过官学、科举等制度，把自己的意识形态推广到各地、各民族。儒学在汉朝成了国家的意识形态，特别是宋朝以后，其进一步系统化、世俗化、平民化，成为官民之间、汉族和少数民族之间强大的整合力量。而儒家文化正是酝酿、产生在运河地区的山东。隋、唐时期，运河的畅通，导致了中国历史上规模巨大的南北文化交流。在运河文化带中，长安是文化中心，江南地区也随着南北文化的交往而蓬勃发展起来。因而，运河区域内出现了南北文化交相辉映的繁荣局面。

唐时有大量的官员、学者、骚人、墨客以及僧侣、道士往来于运河之上。他们大多北从长安或洛阳出发，中经汴、宋至扬州，过江经润、常、苏到杭州；或南从苏、杭北去洛阳、长安。他们或赴任，或游学，或参加科考，或游历名山大川，或传扬佛教。所到之处，或有大量篇章问世，或有政绩流传。通过运河，使南北文化得到交流和融合。如著名诗人白居易，他一生中曾几次沿着运河来往于洛阳与苏、杭之间，留下了《隋堤柳》《自余杭归宿淮口作》《汴河路有感》《除苏州刺史别洛城东花》《渡淮》《赴苏州至常州答贾舍人》等许多诗篇。

宋、元时期的中国，处于多个民族政权并立的状态，农耕与游牧文化在相互征战与和议中碰撞、融合。

明、清时期，京杭运河全线畅通，南北文化交流频繁而快捷，南方运河沿线的许多文艺、工艺、生活习俗等，都流传到北方运河区域。济宁玉堂酱园的开设，临清哈达的制作，还有饮茶习俗等在北方各地的流行，无不是这种文化交流的产物。

大运河的畅通维系了中国古代王朝的全盛时代。清朝入关后实行汉化政策，倡导“以文教治天下”，崇尚理学。甚至康熙皇帝自己也穿上“儒服”，以儒学领袖和天下师自居，并宣称“朕惟天生圣贤，作君作师。万世道统之传、即万世治统之所系也”。像这样把“治统”“道统”在自己身上合一的皇帝，历代还不多见。

大运河，作为迄今仍奔流在华夏大地上的历史长河，虽然已不是地区之间、种族之间交融的主要方式，但依然有着航运、水利、南水北调、城市生态保护等功能，对社会的稳定、发展、繁荣发挥着重要的作用。

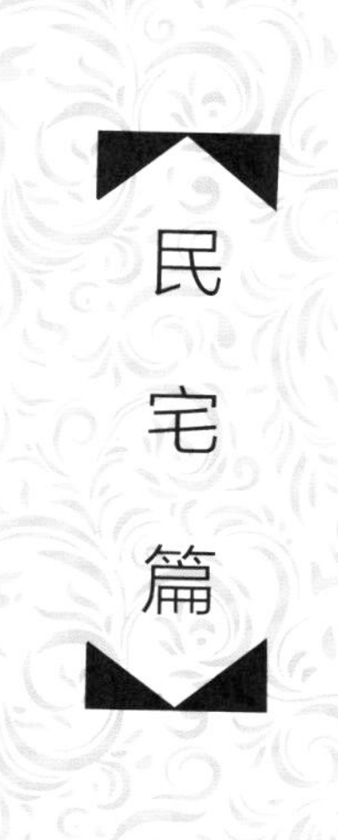
民宅篇

我们祖先的民间安防措施

王家伦

儿时看连环画，最感兴趣的是司马光砸缸的故事。由于被司马光的聪明才智所吸引，并未关心过庭院中这口大缸的作用。

年少时游故宫，颇感兴趣的是各个院落中的一口口大水缸，导游看见我等好奇的样子，故意卖起了关子，要我们猜猜这些大缸的用处。

一、太平缸、风火墙与更楼

实际上，不但是故宫，过去那些老宅子的庭院中都要置放几口注满水的大缸，作用很多。其一，种荷花或养鱼，改善环境；其二，从风水学角度看，有点睛之妙，被誉为聚宝盆；其三，最重要的，用于防火。以前没有消防栓，大缸里平时都储满了水，一旦发生火灾就能及时发挥作用。

在这里，不得不为古人的安防意识击节赞叹。同样是防火，深宅大院还设有高高的“风火墙”。一旦此处失火，由于风火墙的阻隔，火势就不

风火墙

会蔓延到其他院落。

中国历史上任职仅七天的国务总理李经羲，其故居（现为苏州园林博物馆，属于拙政园的一部分，位于忠王府和拙政园之间）后院的两侧走廊上都建有风火墙。墙上嵌着好多镂空花窗，煞是好看，但不知是否为原来的模样。显然，这么多的镂空花窗，让防火的功能降低了不少。

防火为一，还有防盗。此处的“盗”，既指偷窃，也指抢劫。

古人的防盗意识，可从更楼略知一斑。

更楼是一种击鼓报时示警的建筑物。古时，府县城垣及边防哨所，为维护社会治安及防止匪敌袭扰，在城镇四周建筑如城墙及其他民居较高的地方设置报更示警的哨楼，称为更楼。一些大户人家，也在庭院的高处设有更楼，上面住着更夫，日夜观察四方，一旦有异动，立即通知主人防范。

苏州桃花坞南侧的志仁里是一组民国建筑群，坐北朝南。东北部院内颇具中式风格：亭、堂、楼、轩俱全，布局古雅，雕刻精美。据这里的老住户说，过去还有池塘和九曲小桥。院内最瞩目的就是一座更楼，飞檐翘角，悄然兀立于屋顶。当然，这个更楼也有较大的装饰作用，与周围的建筑十分协调。

更楼

德邻堂吴宅位于大儒巷8号。据考证，这是清代大臣吴士玉（1665—1733）的故居。站在宅院中路第五进的天井里，依稀可以看见宅院西路也留着一座孤零零的方方的更楼。

二、防盗门

古人也有防盗门。

古时候，苏州的一些大户人家的住所常占据一条巷子。清代苏州四大望族之一的韩家，今能找到的就是韩崇（1783—1860）故居。韩崇故居在第一初级中学南面，仅一巷之隔。该处如今被称为“迎晓里一弄”，现住有多户人家。出生在这里、成长在这里的桑根林老先生回忆道：他小时候，迎晓里1弄东头有一座拱形砖砌圈门，两扇木质巷门，晚上关闭。如今，这道木门早就被拆除了。

关于“防盗门”，还有管一个镇的。

庵桥拱门

沙溪是太仓属下的一个古镇。明代中叶，娄江淤塞，七浦塘成了苏州到崇明等地的主航道，官民船舶，来往穿梭，商贾云集，为县境第一闹市。明、清两代，达官贵人、商贾平民纷纷沿着七浦塘两岸（尤其是北岸）建造府第，营构居室，逐渐形成了东西蜿蜒数里的集镇——沙溪。如今尚能大致辨出沙溪镇古时的面貌：镇南为七浦塘，河北为主镇区。在沙溪主街东市街南侧88号与90号之间有一条窄窄的短巷，巷内是一弯拱门，门下为石础，上为砖木结构，地下留有关门时所用支架的痕臼。

出拱门门洞向南，就是石阶。拾阶而上，就登上一座高高的石拱桥，这便是著名的庵桥。桥下，是东流而去的七浦塘。

跨过庵桥，来到七浦塘的南岸北望，竟发现这座桥的桥身三分之一嵌在北岸民居之中。刚才穿过的桥北堍的那个门洞特别显眼。这个门洞古时装有木桥门，一到天黑便关闭大门，当时的更夫住在门洞的楼上，有人喊门，他居高临下仔细审视后才会开门放行。必要时，可关闭桥门防盗。如此，七浦塘成了护镇河，堪称一绝。

中国古代乡村安防治理的组织形式

于 野

秦始皇一统天下以后，废除了先秦一以贯之的“分封制”（即所谓“分封建国”，天子之下由许多个诸侯分领各国以治天下），代之以“郡县制”。郡县制，是中国古代继宗法血缘分封制度之后出现的以郡统县的两级地方管理行政制度（类似于现在的行政区划），是中央垂直管理地方、地方官员由中央直接任免的流官任期制，使地方处在中央的管辖之下，有利于中央集权的加强和国家统一。

一、乡绅治理的登台

根据郡县制的行政规范，中央政权的权力所限仅止于县级。一个县靠知县、县丞等有限的官吏来应付政治、经济、军事、民生、刑罚等诸多事务，显然是不能胜任的，于是，不正式列入行政系列的次一级权力机构便诞生了，这就是所谓的乡绅治理。一个普遍的认识是：乡绅对基层社会的治理具有自治性质，乡绅的依托力量多来自于乡村较庞大的家族、宗族。乡绅可以承接官府赋役征收、文化教化、公共设施建设等，因此，乡绅成了中国传统社会基层管理中不可或缺的力量。

20 世纪 90 年代有一部著名的小说《白鹿原》，书中写了以白嘉轩为代表的白家乡绅与以鹿子麟为代表的鹿家乡绅两大族群的矛盾纠葛，反映了宗法家族制度及儒家伦理道德在时代变迁与政治运动中的坚守与颓败，从中我们可以看到中国古代社会中最底层一级的乡村在宗法制管理下的方方面面。族长、乡绅，在白鹿原这个地方有着至高无上的权力，普通农民之间的恩恩怨怨，都是在几个有头有脸的人物的裁决下得以化解的。乡绅在中国古代村镇一级的管理形式及其管理效果由此可见一斑。

乡绅对于乡村的治理虽然不是政府任命的，却有着绝对的权威性，这得益于他们的身份和社会地位。乡绅由哪些人构成？大致不外乎以下几种：一部分是致仕回乡（即当了官，由于仕途不顺、心情憋屈或身体欠佳或其他种种原因回家）的官员，一部分是获得较低科举功名但仍生活于乡间的读书人，譬如明、清时代的很多秀才以及考中举人而没做成官的人，还有一部分是现任官员仍留在老家的亲属，当然也有耕读世家出身的或经商致富得到社会认可而有地位的人，总之，都是有文化、有地位、有身份，同时又有一定的处事能力，或者走南闯北、见多识广，又愿意担当者。

二、乡绅治理的两个方面

乡绅是如何处置包括治安、安保、扬善、惩恶等事务的呢？

第一，体现在制度层面，那就是“礼”的规范。

什么是“礼”？古人解释说“礼，履也”，就是一个人必须遵守的规范和必须履行的责任。一方面，它是一套外在的制度，即通常所说的“礼制”；另一方面，它还是一套内在的观念，即后人常说的“道德准则”。古代中国社会结构是由亲疏远近的血缘关系和上下分明的等级关系混融起来的各阶层的和谐结构，即由长幼分宗、婚姻系连、嫡庶区别等一系列形式建成的一个巨大金字塔式结构。塔尖、塔身、塔基之间既有层层压迫的等级关系，也有互相依存的亲缘关系。使这些关系不致于混乱无序的制度叫做“宗法制度”，就是礼，支持它得以成立的观念就是宗法观念。

礼的内容十分广泛，其中包括婚姻制度，这是区别通婚、姓氏，使之不致乱伦而又可以异姓通好的保证，也是维持血缘关系，使之不会上下失序的保证；包括丧服制度，这是厘清亲族关系远近、家族内上下等级的方式，也是维护一族一家内血缘纽带的方式；包括乡饮酒、士相见等行为细则，这是调节亲族、乡党以及士与士之间人际关系并使之融洽的办法；也包括朝觐、聘问等君臣之间的仪节，这是维护等级之间尊卑及上下之间合作关系的法则。所以，“礼”实际上是一种软性法规，它把家、族乃至国、州、府、县各色人等的关系规定得清清楚楚，使他们各守本分，不至于乱套，就像《礼记·经解》里所说：“朝觐之礼，所以明君臣之义也；聘问之礼，所以使诸侯相尊敬也；丧祭之礼，所以明臣子之恩也；乡饮酒之礼，所以明长幼之序也；昏（婚）姻之礼，所以明男女之别也。夫礼，禁乱之所由生。”最后一句说得最明白不过，有了礼，等级秩序就不会乱，因为它规定了每一个人在这个等级金字塔中的地位、义务与责任，人们遵循这些礼，金字塔式的社会结构就不会坍塌或松动。为此，孔老夫子似乎有点不容商量地说：“非礼勿视，非礼勿听，非礼勿言，非礼勿动。”也就是凡不合礼的都不准看、不准听、不准说、不准动。

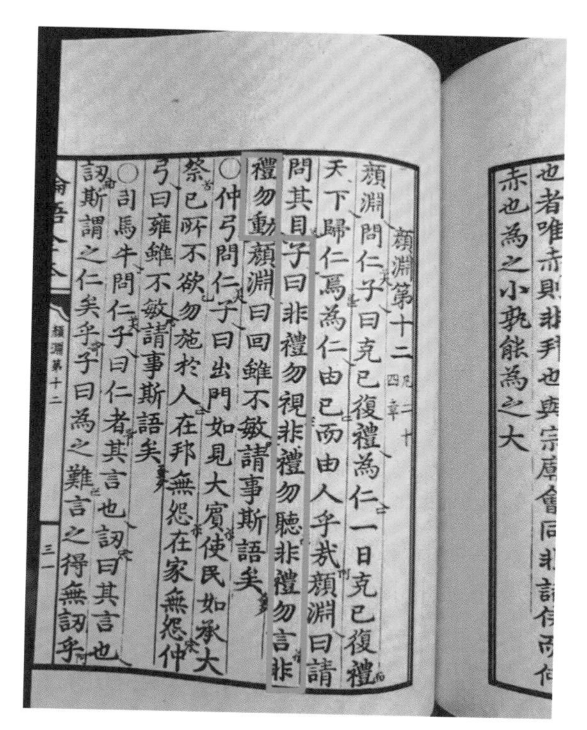
顏淵第十二 凡二十四章
顏淵問仁子曰克己復禮為仁一日克己復禮天下歸仁焉為仁由己而由人乎哉顏淵曰請問其目子曰非禮勿視非禮勿聽非禮勿言非禮勿動顏淵曰回雖不敏請事斯語矣
○仲弓問仁子曰出門如見大賓使民如承大祭己所不欲勿施於人在邦無怨在家無怨仲弓曰雍雖不敏請事斯語矣
○司馬牛問仁子曰仁者其言也訒曰其言也訒斯謂之仁矣乎子曰為之難言之得無訒乎
顏淵第十二 三一

《史记》片段

“礼”这样的规范，延续时间长达几千年，致使古代中国形成了稳固的社会结构，即使在边远的山野乡村，它也深深地刻在每一个人的脑子里，成为人们自觉遵守和约束言行的道德准则。

第二，体现在惩治层面，是制定和执行“乡约”，以族为乡的则还有“族规”相补充。

“乡约”或称“乡规民约”，是邻里乡人互相劝勉、共同遵守、以相互协助救济为目的的一种制度。它通过乡民受约、自约和互约来保障乡土社会成员的共同生活和共同进步。乡规民约的历史起源，最早可以追溯到周代。《周礼·地官·族师》曰：“五家为比，十家为联，五人为伍，十人为联，四闾为族，八闾为联。使之相保、相受，刑罚庆赏相及、相共，以受邦职，以役国事，以相葬埋。”

中国最早的成文乡里自治制度，有可能是北宋学者吕大钧、吕大临兄弟于北宋神宗熙宁九年（1076）制定的《吕氏乡约》（原名“蓝田公约”）。《宋史·吕大防传》：“尝为乡约曰：凡同约者，德业相劝，过失相规，礼俗相交，患难相恤。”“吕氏乡约”在关中推行没有多久，北宋被金人所灭，因而昙花一现，很快被人遗忘了。南宋时，朱熹重新发现了这个乡约，并据此编写了《增损吕氏乡约》，使之再度声名鹊起。到了明代，朝廷大力提倡和推广乡约，《南赣乡约》应运而生，影响最广。《南赣乡约》与《吕氏乡约》相比，两者的重要区别在于：王阳明于1518年颁布的《南赣乡约》是一个政府督促的乡村制度，属官治传统，《吕氏乡约》则为民众自创的乡村制度。明代发展起来的一套以乡约、保甲、社学、社仓为整体性的乡治系统，到了清代被增删调整而保留下来，直到民国还有所继承。《吕氏乡约》和《南赣乡约》都因儒学大家朱熹和王阳明而影响巨大。

历史上的许多例子无法一一列举，在这里，我们仅就《吕氏乡约》来作个分析，看看乡绅们制定的乡约是如何治理乡村和处理乡村事务的。该乡约的内容主要有四大项：德业相劝，过失相规，礼俗相交，患难相恤。第一项是正面教育，劝善守德，如能事父、教子、睦亲、守廉等；第二项是反面教育，惩治违背道义、违反公约、不修正业之行为，如酗博斗讼，行不恭逊，言不忠信等；第三项也是正面教育，要求遵守道德规范和传统礼节，如尊老爱幼、请客拜访、迎来送往等必须遵守的规矩；第四项同样是正面教育，要求扶贫救难、互相帮助，如逢水火之灾、盗贼之乱、疾病死丧、孤弱贫者，应协力济之、无令失所，等等。这四大项，乡人做得好的，则“书于籍”；做得不好的，严重者也要“书于籍”，相当于现在的表彰表扬和记过处分。至于第二项“过失相规”，乡约规定，“谢过请改，则书于籍以俟。其争辩不服与终不能改者，皆听其出约”，意思是悔过了记载下来，以观后效，若是不改，逐出“乡约”组织，那就意味着勒令“退群”，从此没人管你，当然也没人帮你，就成“浪人”了。

如果说“乡约”还比较温和，从本质上说它毕竟还是一个“约定”，那么，作为同一乡村因同一族群而制定的“族规”，可就不那么温良恭俭让了，它是有着强制性，甚至惩罚性的。“族规”的约定性和治理力度远远超过“乡约”，从某种程度上看，就是一部某地某时的法律，惩治违反者的手段也严厉得多。族人必须守族规，不得违犯。触犯族规，轻则处罚（如罚款、关禁闭、训斥、鞭打），重则处死。

三、申明亭

明、清两代，各地还有一种叫“申明亭”的建筑，它实际上也是古代乡绅治理乡村的一种手段和工具。申明亭不仅乡村有，府、县一级也有，但大量出现在乡村。明洪武五年（1372），朱元璋命各地乡村里社皆立申明亭，“凡境内民人有犯者，书其过，明榜于亭上，使人心知惧而不敢为恶”。即乡民犯错有过，就会把该人所犯的过错张榜公布，一方面督促本人改过自新，另一方面也可教育旁人。洪武十五年（1382），朝廷又对申明亭在实行中的弊病进行了改革，规定除十恶、奸盗、诈伪、干名犯义、伤风败俗以及犯贼至徒者外，不再在申明亭公布，“以开良民自新之路”。也就是说，除了罪大恶极的人用此惩罚手段外，小过错就交由乡间、族间组织通过批评、教育、规劝来解决。明、清律对申明亭皆严加保护。《明律·刑律·杂犯篇》就规定：“凡拆毁申明亭房屋及毁板榜者，杖一百，流三千里。”除了设立申明亭之外，同地还必设立旌善亭，亭上书写善人善事，以示表彰。两亭并设，也算是儒法互补，目的当然是为了更好地实施乡村治理。

申明亭（杨筠石绘）

这就是中国社会治理的一大特点，即最基层的乡村由有文化知识又有一定地位威望的乡绅组成的地方自治组织来管理，它在大一统的文化背景下，达到了中央政府对最基层的地方的垂直统治。这种治理模式，既是自治的，又是柔性地自上而下施策的；既是民众自觉的，又带有某种程度的强制性。它既不同于西方古代庄园领主式的治理，又不同于现代社会自中央政府至省、市、县乡村多级层层领导的管理，实是中国古代独创的一种基层治理模式。它是一种历史的存在，却又有着它特殊的时代特点和社会作用。

古代社区安防设施——巷门

张长霖

在苏州评弹传统篇目中，我们常常听到这样一个名词，那就是“巷门”。长篇评弹《玉蜻蜓》里有著名的折子书“金大娘娘打巷门”，说的是金大娘娘在北濠弄怒打巷门、大闹沈家厅堂。所谓“濠”就是护城河，北濠弄因阊门以北的一段护城河而得名，现在讹为“北浩弄”。

金大娘娘是南濠富可敌国的金家的当家媳妇，出身于名门官宦之家，其父为吏部尚书张国勋。她自幼蛮横娇纵，控制欲很强，自嫁到金家后，俨然为一家之主。丈夫金贵升赌气离家出走，衍生出许多故事。“醉打巷门”这回书，说的是金贵升出走后，金大娘娘重责书童文宣，其父张国勋为文宣求情。金大娘娘不悦，借酒浇愁，醉后深夜返回，路经北濠弄，但是已经宵禁，巷门紧闭。看巷门人冯德为北濠弄内沈朝东府上人，他不但不肯开巷门，还调戏金家婢女。金大娘娘大怒，主婢二人打开了巷门，又打进沈府问罪，并打了沈家二媳浦氏，扯了沈朝东的胡须，砸了沈府厅堂。幸得其父张国勋赶到，才解了围。“打巷门”事件一经传开，金大娘娘从此就得了一个“雌老虎”的绰号。“金大娘娘打巷门”一词，后来也成了苏州谚语，用来比喻女人的干练泼辣、敢做敢为。这一折子书告诉我们，明代的北濠弄口确实建有巷门。前两年，北濠弄口新增加了一座复古巷门，也算是为千年山塘增添了一个文化景观。

那么何谓“巷门”呢？

一、巷门与宵禁

有人认为，巷门的出现应该是在明代。其依据是当时的苏州知府况钟颁布的《严盗贼禁示》条谕中提出了不少具体要求：一是修理警铺铺座；

二是各铺要设置铺长；此外，凡属僻静街巷的，须封闭置栏上门锁，实行朝启暮闭。也就是说，小街小巷必须安装巷门，入夜必须上锁，禁止行人通行，以备不虞。当时，连河道出入口都建起了水栅栏。条谕规定：“若沿河往来客船，遇晚停泊，倘有水贼出没劫船，着落两岸地方擒拿，毋令被害。及境内居民混进出入，亦要互相觉察。”笔者以为，这只能说明明代强调了巷门制度，巷门的出现应该更早。

苏州城里现在是见不到巷门的原型了。据资料记载，苏州的老巷门，大都为木制栅栏。如接驾桥附近祥符寺东侧的洪元弄，为南北走向，曾有过一前一后两座巷门，一座设在古市巷南沿，另一座设在祥符寺巷，老住户谓之“前巷门”和“后巷门”。据回忆说，那巷门就是两扇木栅栏门，用松树原木做成，有 3 米多高，白天敞开，到了晚上便上闩关闭。相门内濂溪坊的寺桥头，有一条小弄叫“巷门里”，弄堂名本身就清晰地表明这里曾经建有巷门。20 世纪 60 年代初，弄口还能看到门框残迹，就在剃头店旁边。如今在平江路南头能看到的“联萼坊”，也是巷门（坊门）遗迹，只是门框形状在，门没了。民国时期，苏州新建的一些洋房住宅区也设置了巷门。这种新式巷门，一般安装在拱券门、石库门、里弄口的过街楼下，门扇大多为西洋化的铁皮门。

如果我们走进郊区的古村落，还是能够见到巷门的。苏州洞庭西山的

栖贤巷门

古村落东村有明代古建“栖贤巷门”，这是江苏省文物保护单位；西山明月湾古樟树边也有巷门遗迹，东山镇响水涧也能见到巷门。我们不妨近距离看一看这些活化石，真切地感悟一下这些古代的社区安防设施。

我们见到的洞庭东山、西山的巷门，都是设置在街巷口的门状建筑，东村栖贤巷门是巷口的一个木制牌坊，而明月湾、响水涧的巷门则是街巷口砖砌的拱门。现在在西山明月湾古樟树附近和东山响水涧涧水拐弯处，都能见到一座状似缩微版城门的建筑物——位于街口的砖砌穹门，这就是巷门了。只是门洞依旧，木门早已不翼而飞。

那么这些巷口的门状建筑派什么用途呢？我们通过《玉蜻蜓》里“金大娘娘打巷门”的情节就可以知道，这是街巷的防盗门。古代是实行宵禁制度的，只有到了国家法定的节日才能开放宵禁，如元宵灯节，这时候可以通宵狂欢，这就是所谓“金吾不禁”。当然，宵禁也就是针对小百姓的。有钱的，有权的，上酒馆、进妓院醉生梦死过“夜生活”的自然没人管。一般的宵禁，入夜以后巷门就关闭了，有人守夜值班，当有人有急事要进出时，如请医生、稳婆，还是可以进出的，只要守门人验看一下就行。有时候地方上有事，实行严格的宵禁，那就不准进出了。

那么，古代为什么要实行宵禁制度呢？因为古代的治安情况不好，我们在苏州东山的雕花楼和黎里的柳亚子故居都曾见到家庭的防盗设施，如暗室、楼梯口的翻板门等，这体现了古人对安防问题的忧患意识。再如黎里镇上的诸多“暗弄”，都是防盗的设施。防盗是古人生活中的重要课题，于是，巷门这样的社区安保设施也就应运而生了。至于“夜不闭户，路不拾遗”只是一种理想境界。

现在保存着的巷门，已经没有“门”了，只剩下门洞或者门框——也就是栖贤巷门那种牌坊状建筑。但是，古代的巷门确实是有门的，入夜，巷门是要关闭的，正因如此，才会发生《玉蜻蜓》里面“金大娘娘”仗势“打巷门”之类的事情。

二、巷门与“坊”

其实，巷门这样的社区安保设施，其历史已经很久远了。据说，西山的栖贤巷门是西汉初年“商山四皓”之一的东园公隐居的地方。栖贤巷，这个“贤”就是指东园公。如果这个传说属实，那么这条巷子在两千多年前就有其基本形态了。

中国古代城市的街巷又称“街坊”，很多街道都以“坊”命名，苏州的街巷至今还残留了很多“坊”的街巷名称，如吴趋坊、黄鹂坊、通和坊、通关坊、嘉余坊、碧凤坊、大成坊等。这一个“坊”就是一个社区，这些社区的巷口原先都有坊门，而这些坊门也就是巷门了。

这种城市社区组织在古代城市很普遍，如汉唐时期的长安就是以坊来划分社区的，这种情况见诸史籍，这里不赘言。还是说苏州的情况吧。

苏州有多少坊？一说唐代六十坊，一说宋代六十五坊。孰为是？有没有可信的资料？不管多少坊，它是古代城市相对封闭的居住区，是历史的事实。

查辞书，“坊”的本意是“里巷（多用于街巷的名称）。街市，市中店铺：坊间。街坊（邻居）。”辞书还说，里坊制的确立期，相当于春秋至汉。里坊制把全城分割为若干封闭的“里”作为居住区，商业与手工业则被限制在一些定时开闭的“市”中。统治者们的宫殿和衙署占有全城最有利的地位，并用城墙保护起来。“里”和“市”都环以高墙，设里门与市门，由吏卒和市令管理，全城实行宵禁。

由此可见，街坊之“坊”是本意，牌坊之“坊”是后起意。所以，苏州街坊名的“坊”与旧时表彰性或纪念性的建筑物牌坊没有必然联系。

再从苏州街坊的名称上来看，吴趋坊、黄鹂坊、碧凤坊这样的地名明显没有纪念意义，干将坊、濂溪坊这样的坊名是纪念历史人物的，三元坊、难老坊（侍其巷）这样的坊名就具有明显的表彰性了。

这样，我们可以清楚地知道，古代城市是把城区划分成若干街坊，也就是社区的，每个社区相对封闭，街巷口设置巷门或者坊门，这就是古代的社区安防系统了。

历史上的宵禁制度距离我们已经很遥远，巷门、坊门这样的古代社区安保设施距离我们也已经很遥远，但是，现在的社区还使用着新式的安保设施，那就是监控设施。其实，两者的本意是一样的，都是为了社区安保，只不过今天的安保科技含量更高而已。

复壁：从家庭安防到矿井安防

陈 良

复者双也，壁就是墙壁，复壁就是双层墙壁的意思，是古代那些大户人家为防备强盗抢劫或发生意外事故而设置的屋中之房。复壁虽小，但能置物藏人，助人逃过一劫。

一、柳亚子虎口脱险

古镇黎里的柳亚子旧居有一个不起眼的小间，狭长形，2～3 平方米。西面是墙，东面和南北两头都是木板，关上小间的门，平整、深褐色的门板与外面房间的墙板浑然一体，根本看不出里面是一间隐蔽的密室，这就是当年柳亚子临危藏身，得以脱险的“复壁”。“复壁脱险”成了柳亚子的一段传奇经历。

柳亚子旧居

事情还得从 1927 年 5 月 8 日说起。是日深夜，古镇黎里一片寂静。突然一阵拳打脚踢的砸门声将镇中柳宅的家人们从睡梦中惊醒。原来是南京国民政府的陈群奉蒋介石密令，指使驻苏州第十独立旅旅长张镇派出一小股军警直扑黎里，目标就是被蒋视为眼中钉的柳亚子。柳亚子在夫人郑佩宜的协助下，赶紧从卧室穿过厢楼来到第五进的复壁。

柳家承租的是清乾隆时期工部尚书周元理的老宅，复壁原是周家设计的。一旦遇到紧急情况，主人可以携带金银细软暂入藏身。

说时迟那时快，柳亚子夫人郑佩宜与保姆立即将边上两个矮橱和一摞箱子移过来挡住复壁，然后才叫人去开门。顿时，十多个荷枪实弹的军警穷凶极恶地闯进了柳家。他们手持柳亚子的照片到处搜查，却毫无柳亚子的踪迹。而此时的柳亚子在复壁内，想到家事国事天下事，激情难抑，口拈《绝命词》一首："曾无富贵娱杨恽，偏有文章杀祢衡。长啸一声归去矣，世间竖子竟成名。"杨恽是司马迁的外孙，因《报孙会宗书》触怒汉宣帝被处腰斩极刑。祢衡是汉末文学家，少有才辩。曹操要见其面不得，后祢衡被召为鼓史，曹操宴宾时欲使其受羞辱，结果反被祢衡所辱。曹操大怒，用借刀杀人计将祢衡除掉。柳亚子借典故说明自己因说话写文章得罪蒋介石而遭杀身之祸。竖子，小子，指称蒋介石。

柳亚子旧居的复壁

军警搜查柳家无果，就将在此作客的柳亚子妹婿凌光谦带走。三天后才发觉抓错了人，后凌光谦被保释了出来。而柳亚子当夜从复壁脱险后，便穿上渔民的竹裙，雇了一条打鱼船，在天色未明时即启程，消失在去上海的茫茫雾色之中。

二、复壁与赵氏灭门案中的赵岐

复壁早在两汉时期就已存在，《后汉书·赵岐传》曾载：

> 先是中常侍唐衡兄玹为京兆虎牙都尉，郡人以玹进不由德，皆轻侮之。岐及从兄袭又数为贬议，玹深毒恨。
>
> 延熹元年，玹为京兆尹，岐惧祸及，乃与从子戬逃避之。玹果收岐家属宗亲，陷以重法，尽杀之。

> 岐遂逃难四方，江淮海岱，靡所不历。自匿姓名，卖饼北海市中。时安丘孙嵩年二十余，游市见岐，察非常人，停车呼与共载。岐惧失色，嵩乃下帷，令骑屏行人。密问岐曰："视子非卖饼者，又相问而色动，不有重怨，即亡命乎？我北海孙宾石，阖门百口，执能相济。"岐素闻嵩名，即以实告之，遂以俱归。嵩先入白母曰："出行，乃得死友。"迎入上堂，飨之极欢。藏岐复壁中数年，岐作《厄屯歌》二十三章。
>
> 后诸唐死灭，因赦乃出。

这个故事要上溯到汉桓帝在位的时候，宦官唐衡是皇帝面前的红人，他的家人自然也是横行一时。唐衡的哥哥唐玹任京兆虎牙都尉时，因行为不端，老百姓都对他看不入眼。赵岐和堂兄赵袭多次上书贬议，唐玹则暗中记恨，唐、赵两家从此结了怨。延熹元年（158），唐玹升任京兆尹（相当于首都市长），赵岐和堂侄赵戬担心遭其报复，不得不弃官逃亡。唐玹则将赵氏家族在朝中做官的，以及在家里的所有男丁都逮捕斩首，这就是轰动一时的"赵氏灭门案"。赵岐隐姓埋名逃到青州北海境内，在市中卖饼谋生。其间正好与安丘孙嵩相遇，孙嵩觉得此人不一般，便上前询问。赵岐将事情的原委全盘托出。孙嵩是个侠义之人，他把赵岐带回家中，杀牛摆酒，为赵岐压惊，而后两人就成了生死之交。孙嵩把赵岐藏在他家的复壁之中数年之久。赵岐还在此期间完成了《厄屯歌》二十三章，后被赦出。这也是典故"安丘壁"的由来。清代毛奇龄有诗云："素衣何幸变为苍，长就安丘壁里藏。"

由此可见，复壁成了人们避凶躲险的安防场所。复壁与安防，实在是紧密相关。

三、复壁与矿井避难所

无独有偶，我们的地下矿井也有这样类似的"复壁"，这就是被业界称为"诺亚方舟"的避险系统，包括移动式救生舱、永久避难硐室（一种用于突发事故的避灾避险场所）和临时避难硐室。而国人知道移动救生舱这个先进设备，大多是从 2010 年智利的一场大营救开始的。

2010 年 8 月，智利圣何塞铜矿发生矿难。抢险进行到 17 天后的 8 月 22 日，一张写着"我们 33 个人都在避难所里，我们还活着"的纸条，从地下 688 米深处被传了出来。10 月 13 日，这 33 名矿工陆续升井，持续了 69 天的抢险结束。智利举国欢腾，这场矿难援救奇迹，被称为“一个国家的胜利”。智利矿工们的救命“复壁”，类似于一个巨大的“胶囊”，被命名为“凤凰”号的移动救生舱，后来这艘救生舱在上海世博会智利馆展出，极受关注。

实际上，当事故发生时，绝大多数遇难矿工不是因爆炸、坍塌等立刻死亡，而是由于爆炸后其附近区域氧气耗尽、到处是高浓度有毒有害气体、逃生路线阻断，不能及时找到安全避难场所而遇难。井下避险设施的改善，给矿工的生命增加了一层保障。万一井下发生事故，矿工可以先打开随身携带的自救器，靠里面的氧气走到移动救生舱，再找机会转移到永久避难硐室。地面的应急救援车可以通过管道，与井下的硐室保持联络，输送新鲜空气和食物，这可以说是给矿工提供了一条新的生命通道，矿工们也因此获得了一定的生存时间。

救生舱一般采用多层复合绝热材料，具有优越的耐高温及绝热功能，能够抵挡外界 1200℃的高温，外界持续在 0℃的条件下，舱内也能够保持 30±2℃的温度。并且，它由压缩氧气及压缩空气供氧，可以保证舱内人员的生存。救生舱内还具备有线通讯、无线通讯、应急通讯及各通讯方式失效情况下的信息交流方法，形成了多级通讯保障体系。

从古代的复壁到现今的“诺亚方舟”避险系统，无不阐释了一个道理：安防事大，防患未然。要在安防上万无一失，除了在思想上警钟常鸣外，还得使安防设施密而不疏。

从暗弄看古代水乡人的安防巧思

张长霖

暗弄

古人对民宅安防的投入是很大的，绝非今天的防盗栅栏可比。几年前，我去山西阳城清代名臣陈廷敬故居，惊诧于其如同小城一般的防御系统。陈廷敬府高大的围墙丝毫不亚于城墙。而福建客家人的土楼，则完全就是一座大型的碉堡，聚族居住在大碉堡里面，其忧患意识可想而知。相比之下，古代江南水乡人的安防措施就没有这么露骨，更没有这样兴师动众，其不露痕迹的安防措施，充分运用了自己的智慧，这其中最典型的就是暗弄。

一、古镇黎里的暗弄

吴江文化古镇黎里，以众多的弄堂为特色。黎里老街小弄堂特别多，据统计，共有 85 条与主干道相垂直，绝大多数狭窄而幽深。黎里的弄堂多以姓氏命名，有姓氏者计 57 条，占总数的 67%。其名称一般为“某家弄”。黎里古镇清中期排定了八大姓，周、陈、李、蒯、汝、陆、徐、蔡，每个姓都有自家的弄堂。周家有周赐福弄，陈家有陈家湾堂弄，李家有李厅弄，陆家有陆家弄，蒯家弄有三条，汝家弄有两条，徐家弄有三条，最多的要数蔡家弄了，有东蔡家弄、西蔡家弄、中蔡家弄、南蔡家弄、北蔡家弄，达5条之多。

黎里的弄堂有明弄和暗弄两种。所谓明弄就是看得见天光的；暗弄，也叫“陪弄”或“备弄”，是不见天光的那种。

黎里的弄堂以暗弄为主，有70条，明弄只有15条。暗弄极富特色，多为双弄，有两条暗弄相毗邻的双弄，也有明暗并排的双弄，还有弄中弄等。

明弄和暗弄的功能略有区别。明弄是不同人家的分界线；暗弄，一般为一家一户所有，少数设在两姓之间。暗弄是下人进出的通道。下人们是没有资格走大门的，于是，在暗弄里就演绎了许多他们的故事，如苏州评弹《三笑》里，乔装改扮成书童的才子唐伯虎在华相府的陪弄里私会华府丫鬟秋香，演绎了“唐伯虎点秋香”里的许多“噱头”。书童唐伯虎为什么胆大妄为，敢于在陪弄私会秋香呢？原因就在于主人家一般是不会到暗弄里来的，这里是下人的天地。

民宅篇

二、暗弄的安防巧思

如果仔细考察，你会发现，这些暗弄充满了江南水乡人的安防巧思。

首先，这些暗弄绝对暗，弄壁上没有任何窗户，顶上也没有任何天窗。这样的暗弄，不熟悉的人很难顺利走入，胆小点的恐怕连走进去的勇气也没有，这正好可以避免陌生人进入。有些暗弄为了增加其暗，还故意建得曲里拐弯（如锦溪老街的丁家弄就有连续的两个直角弯，弄内也就特别暗了）。大多数的弄堂总要拐上几个弯，而且还是直角转弯。江南有句老古话，“两头直通，人财两空”，这个“人财两空”有两重意思，一是弄堂假如是直通通的，容易造成阴风扑面，对人的健康不利，这是为了保健。而更为重要的是，让弄堂多转几个弯，转弯处再设石库门，安上一块厚厚的门板，可以防盗，俗称“键门”。键门后面墙壁的左右各设一个门栓洞，大门闩插上，就成了一道防护墙。暗弄这种安全措施，叫“闲人莫入”。传说，当年日本鬼子占领黎里，就是不敢进暗弄，说是像地道战的地道。

其次，暗弄的地面并不平坦，一般是渐入渐高，就是所谓“步步高”。这不仅仅是为了讨“口彩”，还是为了便于排水，更是为了防盗。黑暗中不平坦的地面难以疾行，会给入侵者造成困难，从而制造防御机会。

所谓步步高，就是第一进旁的陪弄最低，第二进旁的稍高，之后次第升高。在江南水乡，排水非常重要，每当黄梅天或雷雨天，阴沟排水的畅与不畅，直接影响到人们的生活质量。陪弄步步高，下面的阴沟也步步高，泄水就畅快。有的建筑群落前后都有河道，陪弄步步升高到一定地段后，后面一段陪弄就渐次降低了。黎里周赐福弄全长 92 米，南北临河，前后低中间高，形成南北两个步步高。南面到第五进的陪弄 70 余米，由南向北步步增高，北面第六进是下房，下人的居室，陪弄 20 多米，地基就此降低，不过，假如由后门作为起点，也还是一个步步高。

其三，暗弄两侧往往是下人居所，在暗处开着门户。如有入侵者，只要机会合适，随时可以从暗处出击，把不熟悉地形的入侵者打跑。这真的与地道战有异曲同工之妙。

苏州状元博物馆里改造后的暗弄

三、暗弄今日

暗弄在江南水乡小镇是普遍存在的，只是如今很多已经消亡，或者变相消亡了。前些天笔者去锦溪，发现丁家老宅的前两进成了古砖瓦陈列室，而旁边的丁家弄开了天窗，已经不暗了。如今，锦溪的暗弄基本上都揭了顶，早就不暗了。从柿园到河边好像还有一小段暗弄，太短了，也就不觉其暗。记得 20 世纪 70 年代末乘坐昆山班轮船到周庄，船码头在急水港边，到镇上要穿过一条长长的暗弄，现在这条暗弄也已经找不到了。

到黎里，一定不要忘记摸着黑进暗弄去体会一下，这里有着古代水乡人安防的巧思。

时至今日，暗弄的安防功能已经失去，大多数被拆去屋顶，成为“明弄”。也有将之布置为文化走廊的，如建在清代四朝元老、状元宰相潘世恩故居的苏州状元博物馆。

闽南土楼与家族式安防

王家伦

两年前，看姜文的电影《一步之遥》，当闽南土楼突然出现在镜头里的时候，我不觉精神一振，对它产生了浓厚的兴趣。于是，2017 年亲临参观，又查阅了不少相关资料，终于对土楼的概况有了一些了解。

一、客家人·安防·土楼

土楼大多集中在闽南的九龙江下游，当地究竟有多少座，答案悬殊得吓人：有称三四千者，有称三四万者。实际上，这是由于对土楼的认定标准不一造成的。我们这里所说的土楼，是指外墙夯土筑成，墙内多户人家聚族而居的楼层建筑。

几乎每一座土楼都是一个独立的小天地。一楼为厨房或饲养牲口的场所，二楼为储藏室，收获的稻谷、豆子、地瓜干等粮食都存放在那儿，还备有自制的干菜、咸菜、凉粉等。几乎每座楼的内院都有水井，楼内日常生活必需的物资和设施应有尽有。一座土楼关起门来，即使不出大门，也可以在其中生活数月之久。

关于土楼的起源这一"世纪之谜"，至今仍有争议，大多数人认为"中原人为避战乱南迁建土楼聚族而居"，"土楼是客家文化的结晶"。

客家人是从古至今在南方地区居住了近两千余年的一个重要的汉族移民群体，这个"南方地区"以两广和闽南为主。

自西晋永康元年（300）开始，中原动荡不安。不堪被奴役的汉族人遂大举迁徙到较为安定的南方。公元 1126 年，中原发生"靖康之难"，北宋都城开封被金兵攻占。宋高宗南渡，在临安（今杭州）称帝，建立南宋王朝。随高宗渡江南迁的臣民达百万之众。金人入主中原后，强占民田，推行奴隶制，处于黄河流域的汉族人民，为躲避战乱，又一次渡江南迁。因为当时的户籍有“主”“客”之分，移民入籍者皆编入“客籍”，于是“客籍人”便自称“客家人”。

成千上万的客家人到南方后，如何正确处理“主”“客”关系就成了当时最主要的问题。一方面，客家人必须努力与当地土著搞好关系；另一方面，为了应对土匪强盗，为了自保，客家人就建起了坚固的土楼。一座土楼就是一个家族的凝聚中心。客家土楼集体聚居的特殊性，反映了客家人强烈的家族伦理意识。在同宗聚居的土楼里，一楼之内乃“一公之孙”。楼内数十、数百人中，有父母、兄弟、叔侄、妯娌、婆媳等宗亲关系，多代同堂，拥有共同的祖辈，最高长辈具有绝对权威。

后来，倭寇在东南沿海横行，为了保卫家族、保卫家乡，慢慢地，当地土著也开始学习客家人的方法，建起了土楼。

也有专家翻阅大量志书后，发现直到明崇祯年间，志书上才有“土楼”一词，在此之前，所有史籍中都没有出现过“土楼”这一特定历史时期的专有名词。故而，他们认为土楼是明代九龙江下游人民在抗击倭寇的血雨腥风中创造出来的，它最早出现的时间应是明嘉靖年间。

土楼是出于族群安全而采取的一种自卫式的居住样式。在当时外有倭寇入侵、内有盗匪横行的情势之下，居民们才选择了这种既有利于家族团聚，又能防御战争的建筑方式。同一个祖先的子孙们在一幢土楼里形成一个独立的社会，共存共亡，共荣共辱。所以，御外凝内大概是对土楼最恰当的归纳。

无论如何，土楼在明朝抗击倭寇的安防工作中发挥了积极的作用，这是大家一致公认的。

二、土楼的坚固与安防措施

土楼以圆形、方形为主。2017 年 1 月 10 日，笔者专门参观了漳州永靖的怀远楼。怀远楼是一座里外双环的土楼。“怀远楼”这个名字据说有三大涵义：其一，怀念远方的亲人；其二，楼的主人来自中原地区，“怀”远方；其三，训诫简氏子弟要胸怀宽广，志向远大。

怀远楼是一座比较典型的圆形土楼，直径近 40 米，为简氏家庭住宅。它建于清宣统元年（1909），占地 1 384. 7 平方米，高 14. 5 米，共 4 层，每层 34 间，计 136 间。外环四层密布住户，底层无窗，只有高层才开向

怀远楼

外的窗户。

外环仅南向有一大门，门顶上绘有一个八卦图，八卦图下方是大大的“怀远楼”三个大字。两侧楹联为“怀以德敦以仁藉此修齐遵祖训，远而山近而水凭兹灵秀育人文”。跨进大门，抬头可见门框上方的三个方孔。原来，怀远楼除了横向的门栓外，还有纵向的三道门栓，可见其对安防的重视。

内环，就是“诗礼庭”，是长者议事、孩童受教育的所在。

闽南土楼外环墙体下厚上薄，最厚处有 1.5 米左右。其建造沿袭了中原地区城墙的建造方法，先在墙基挖出又深又大的墙沟，夯实后再埋入大石为基，然后用石块和灰浆砌筑起墙基。接着，用夹墙板夯筑墙壁。土墙的原料以当地黏质红土为主，又掺入适量的鹅卵石和石灰等，经反复捣碎，拌匀，做成“熟土”。掺入鹅卵石，是为了抵御土炮的轰击；夯筑时，还要往土墙中间埋入竹片，称为“墙骨”，以增加其拉力，尤如现在建筑用的“钢筋”。

土楼还能抵御火攻。为了对付火攻，土楼的主人，除了在木门表面包铁皮之外，还在门顶过梁上置“水槽”。水槽与二层楼上的水箱或竹筒连通，这样从二层往水箱或竹筒中灌水时，水就通过门顶的水槽或过梁均匀地沿木门外皮流下，形成水幕，迅速浇灭门外之火，有效地抵御敌人的火攻。

据说，有一座建于公元1693年永定湖坑镇的“环极楼”，300年来曾历经地震而无虞。1918年农历四月初六大震，当时仅在其正门右上方三楼到四楼之间造成了一条50厘米宽的裂缝，70多年后竟神奇地自然弥合了，现仅留下一道一两厘米宽的小缝隙。

永定有一座资历最深的土楼——馥馨楼。2012年，为免除众人从一个大门出入的不便，曾设想另开一小门。于是，当地人请来石匠，费尽九牛二虎之力，用钢凿撬挖，数日才开通，这种三合土墙的坚韧由此可见一斑。

除了本身的安防措施外，在土楼村落之中，有时几座土楼成犄角之势，防守时相互照应，楼内的枪眼配置特别对准重要路口，以配合村中联防，构成了楼群安防系统。

三、关于土楼的几则趣闻

在闽南期间，笔者曾听到不少有关土楼的逸闻趣事，也看到了一些奇特的现象。有些令人喷饭，有些则百思不得其解。

（一）建在沼泽地上的土楼

早就听说过，闽南有一座土楼建在沼泽地上。这就是离怀远楼不远的、方形的和贵楼。楼主简次屏是个读书人，当年，他看到这片沼泽地的地形像肚腰兜，就去请教风水先生。风水先生察看后说：“此乃风水宝地也。”简次屏一听，决心在此建立基业，遂于1732年破土兴建土楼。据说，简次屏请来上百个帮工上山砍松木，用了100多立方米的松木打排桩奠基，然后开始夯墙。

和贵楼

令人难以想象的是，当站在这座土楼用卵石铺就的天井里时，跺跺脚，脚下竟然软绵绵的如海绵垫一般，此伏彼起，天井里整片的卵石也会像涟漪般起伏，缝隙中还有黑色的泥浆涌出。据说，若用钢筋往天井的地里插，一口气可以插进 5 米多深，拔出钢筋，则上面有淤泥的痕迹。历经 300 年，卵石下的淤泥竟然不干，奇哉怪也！还有怪事，楼中有两口水井，相距不到 20 米，一口清亮如镜、水质甜美，另一口却混浊发黄、污秽不堪，于是人称“阴阳井”。

（二）土楼与“核弹发射井”

形状独特的客家土楼，在 20 世纪 60 年代冷战时期，竟被美国误认为是核弹发射井。美国人用间谍卫星拍下无数土楼的照片，经过 20 年的研究，仍百思不得其解。1985 年，中情局派出一对间谍夫妇伪装成游客，来到福建闽西永定县进行调查，终于发现那些所谓的“发射井”原来只是历史悠久的土楼，而绝不是什么“核武设施”。

我们不必去辨析这个故事的真伪，但无论如何，土楼的奇特已引起国际关注，这是不可否认的。

（三）聚族而居的文化特征

土楼居民的聚族而居，主要源于对中原传统文化的认同。据说在永定范围内，无论哪一座土楼，楼内的男姓居民只有一个姓，而且都是血缘关系较近的同宗同族人。一家之内，家长说了算，一楼之内或全村同族之内，族长说了算，这是土楼居民在漫长的封建时代所严格遵奉的一条原则。

令人惊叹的是，在土楼内，每一个纵切面，从上到下都为一户人家，如此，楼下再也不必为楼上的各种声响而烦恼了。

（四）传声筒与逃生通道

闽南土楼中还设有神秘的传声筒和地下逃生通道。

如华安县的二宜楼，其每一个单元外围石砌的墙脚中都留有弯曲的传声筒，室外连通底层的房间，从室外看只是不起眼的小洞口。由于洞内空腔呈“S”形，从小洞口看不到室内，声音却可以传入。平时，楼内居民夜晚归来，若敲门无应答，只要对着洞口一喊，家人就会出来开门。在战时，这个传声筒能起到及时通报敌情、传递信息的作用。

有的土楼还利用内院的排水沟作为逃生的通道。华安县二宜楼就有类似的排水沟，平时用花岗石加盖，据说，1934 年土匪曾围攻封锁二宜楼好几个月，楼内居民在弹尽粮绝之后就是利用这个地下秘密通道得以逃生。

（五）四环相套的土楼之“王”

永定规模最大的圆形土楼是承启楼，位于高头乡高北村。此楼直径70余米，“高四层，楼四圈，上下四百间；圆套圆，圈套圈，历经沧桑三百年”，鼎盛时期住过800多人。该楼又名“天助楼”，被称为“福建土楼王”。据传，从明崇祯年间破土奠基，至清康熙年间竣工，历世三代，经过了半个世纪。它规模巨大，造型奇特。1986年，中国邮电部发行了一套“中国民居”邮票，其中面值1元的福建民居邮票上就是一座环环相连的土楼，这座土楼就是如今闻名遐迩的承启楼。

承启楼由四圈同心环形建筑组合而成，环与环之间都有天井。

其最外一环为主楼，土木结构，高四层。底层和二层不开窗，底层为厨房，二层为粮仓，三、四层为卧室。每层72开间，含门厅、梯间。除外墙和门厅、梯间的墙体以生土夯筑之外，厨房、卧室的隔墙均以土坯砖砌成。

第二环高两层，砖木结构，每层40开间。除正面和东西两侧各以一个开间作为通道外，其余各间与前向的小庭院、青砖隔墙围合成小院落，

承启楼

院落的厅堂即二环的底层，为客厅或饭厅，楼上为卧室；每个院落各开一门，与三环后侧的内通廊相通。院落后侧即外环底层的厨房，饭厅对面用青砖建浴室、卫生间、杂物间，高约1.8米。

第三环单层，砖木结构，32开间。古代楼主既崇文重教，又不能让女子到楼外的学堂与男子一起读书，于是在此办私塾，并以此作为女子的书房。

第四环为祖堂，单层，比第三层稍低，使全楼形成外高内低、逐环递减、错落有致的格局。它占地33.83平方米。后向的厅堂与正面两侧的弧形回廊围合成单层圆形屋，中间还有一个小天井。

其实，住在土楼里并不是一种享受，因为它无法适应现代化的生活。如今，早就没有了兵匪之祸，住土楼的居民日渐减少。然而，作为历史的见证，土楼仍以高昂的姿态傲然挺立着，其文化价值是无法估算的。

古代民间的防火救火措施

谢勤国　王家伦

且看这段文字：

> 刚说到这里，忽听外面人吵嚷起来，又说："不相干的，别唬着老太太。"贾母等听了，忙问怎么了，丫鬟回说："南院马棚里走了水，不相干，已经救下去了。"贾母最胆小的，听了这个话，忙起身扶了人出至廊上来瞧，只见东南上火光犹亮。贾母唬的口内念佛，忙命人去火神跟前烧香。

这段文字出自《红楼梦》第三十九回。"走水"，即失火，这是避讳的说法。贾母"命人去火神跟前烧香"，这个火神就是民间信仰中的一个神仙。虽说中华各民族都有火神祭祀的风俗，然而对于这位"火神爷"究竟是谁，人们为什么要祭祀他，却是众说纷纭。各民族传说中火神的形象和来历差异甚大，相关的信仰民俗也有很大的区别，专家们的观点也是见仁见智，分歧甚大。然而就民间而言，既然是"火神"，当然与"火"有关，火灾定是"火神"在发威，这与火神的形象和来历关系不大。火灾发生前后，百姓到火神庙进行祈祷，希望以此换取火神的眷顾，虽然消极，但也实属无奈。

然而，火神并没有因为人们的祭祀而不再发威，而是继续吞噬着无数的生命财产。火，既有因不小心而形成的火灾，也有人为的纵火。

一、苏州几次可怕的火灾

姑苏历来为繁华之地，尤其是明、清两代，人烟稠密，商贾云集，砖木结构的房屋鳞次栉比，阊门、石路、山塘街一带尤甚。正因为如此，那几次可怕的火灾令人不寒而栗。

康熙五十二年（1713）十月初五日，阊门外南濠起火，延烧两百余家，因吊桥拥挤，人不能出入，烧死、挤死及坠河死者三百余人。

道光八年（1828）十月初一日晚间，又一次火灾，造成了北濠钩玉湾小郩弄延烧两百余家的惨剧。

1860 年 5 月，太平天国忠王李秀成攻打苏州。江苏巡抚徐有壬和总兵马德昭接连颁布三道命令，烧毁城外商业区，以巩固城防："首令民装裹，次令迁徙，三令纵火"。于是，曾经繁华盖世的阊门商业区，包括阊门到枫桥寒山寺的上塘街，阊门到虎丘的山塘街，阊门到胥门的南濠街，乃至城内的西中市等，转眼之间全都化为灰烬。

1947 年 1 月 22 日凌晨，卫道观前礼耕堂潘宅失火，将一大片房屋烧成平地。首先起火的是礼耕堂东路的一座楼厅。1 月 21 日是农历丙戌年除夕，居住在此处的潘家老太的女儿、女婿前来陪老人过年守岁，潘老太依俗烧"钱粮"祭祖，事后将火盆置于雀宿檐上。岂料后半夜风吹余烬，死灰复燃。各救火会闻讯赶来，集中多会力量，至黎明方将大火扑灭。这次火灾虽无人员伤亡，但损失惨重，"结果该屋之一、二、三、四进房屋 48 间，及花厅、大厅等均遭焚如"。礼耕堂已于 2014 年被列为全国重点文物保护单位，至今东陪弄墙上还可以看到烧裂的巨砖。

二、防火措施

为了防火，我们的先人想出了各种积极的办法，如采取对烟花爆竹管理的措施以防失火，采取街道拓宽的措施以利救火，采取河道拓宽以及水井增添等措施以保证救火的水源。

集贤坊

笔者曾到浙江乌镇一游，发现乌镇的主街上相隔不远就会有一堵高墙阻断东西两头，游客要从高墙下的门洞中才能通过。实际上，这也是一种防火墙，一旦有火警，即可切断东西两头。据说，乌镇西栅建成景区之前，有过一场大火，大火烧毁了两垛高大的防火墙之间的所有房屋，而防火墙之外的建筑却安然无恙。

古时没有钟表计时，人们把一昼夜分成几个时辰，每个时辰两个小时，又把一夜分为五更，从头更（晚八点）到五更（晨四点），有专人按时辰敲打响器发出信号，并作呼喊，这就是报更。如“笃！笃！笃！寒冬腊月，火烛小心；水缸满满，灶仓清清”。

三、民间救火组织应运而生

火神时常威胁百姓的生命财产。清时，有民间救火组织应运而生。这些组织的经费主要来自商铺及市民的捐助，属于民间公益的范畴。最早，这些组织被称为“火社”，后来，“火社”改称“龙社”，是为了避“火”之讳。龙社应该是由“水龙”而来的。每个龙社有一二十名救火队员，由本地段店铺的青壮年员工组成，都是自愿参加。每个龙社还配有上百个挑水的“水夫”。这些龙社都有一个与保平安有关的名称，如“仁济”“安泰”“保康”“永熄”等，它们分别扎营于慈善机构的分所，或者庙宇、祠堂之内。龙社的经费也由市民认捐分担。

安泰救火会陈列馆

著名的“安泰龙会”原址在山塘街近半塘处。如今山塘街 154 号有一个“安泰救火会陈列馆”，为两开间的两层楼房，隔着山塘街面对通贵桥。

“安泰救火会陈列馆”房子开间不大，一楼东侧的一组组合型雕塑占据了楼的一大半。这组雕塑右侧是两个救火队员：后面的队员头戴铜盔，臂下挟着一个小孩从火海冲出来；前面的队员手持挠钩，正在扒开房梁。左侧是一只人力水泵。救火时，人力水泵将河里、井里甚至是人工挑来的水压进水龙，水龙前面的水枪射出水箭，浇灭火舌。

安泰救火会陈列馆中的救火设施

听说山塘街半塘处有一块嵌在破旧民房外墙上的石碑，上面镌着“永安龙社”四个字。笔者来回了几次，没有找到。但不管怎样，从“安泰龙社”和“永安龙社”距离甚近，可知当年苏州民间救火组织很多。

由于民办救火组织数量众多，又缺乏统一的领导和指挥，各救火组织之间难以协调，影响了救火效率，甚至矛盾重重。为了加强协调，1913年，苏州救火联合会成立。救火联合会将全市63个龙社划分为5个区、51个地段，以序号代替原有“龙社”名称。上文所说的1947年礼耕堂“走水”，就是在统一协调下集中多路力量灭的火。中华人民共和国成立后，救火联合会逐步被官办的消防队接管，苏州的消防事业从此翻开了新的一页。

民俗篇

民俗中的安防措施

王家伦

《荀子·强国》曰："入境，观其民俗。"就是说，无论到哪个地方，应该从了解民俗开始。民俗是最贴近人民身心和生活的一种传承文化，有日常生活的民俗、生产劳动的民俗、传统节日的民俗、日常规范的民俗以及生活禁忌的民俗等。同时，人们面对一些自然生物和不可知现象的侵害，也产生了一些有关安防的民俗。

一、"五毒"与雄黄

"五毒"指蝎子、毒蛇、蜈蚣、蟾蜍、壁虎五种动物。蝎子、毒蛇和蜈蚣之毒众所周知，将蟾蜍和壁虎置于"五毒"之中，却有些名不副实了。

蟾蜍，也叫蛤蟆，两栖动物，由于体表有许多疙瘩，俗称"癞蛤蟆"。蟾蜍以捕食各种害虫为主业。虽说蟾蜍的疙瘩内有毒腺，但是，"毒"是蟾蜍的次要方面，有益于人是蟾蜍的主要方面。

壁虎又称"守宫"，是蜥蜴的一种，夏秋之晚捕食蚊、蝇和飞蛾等，是有益无害的动物。壁虎在受到惊吓时，只要一碰它，尾巴就会立即折断，身体趁机逃跑。折断的一段尾巴因为有许多神经，所以离开身体以后还会摆动，能起到吓唬敌人的作用。这种现象，在动物学上叫做"自割"，实际上就是壁虎自身的安防措施。至于有人说，壁虎的尾巴折断后会钻到人的耳朵里去，则绝对不可能，因为断尾虽然还会摆动，但已没有了定向活动的能力，哪会钻到人的耳朵里去？自古以来，民间流传壁虎之尿甚毒，入眼则瞎，入耳则聋，滴到人身上就会引起溃烂，另外，据说吃了壁虎爬过的东西便会中毒死亡等，都没有人能拿出实证。

蟾蜍与壁虎之所以被归入“五毒”，大概是因为样子难看吧。

古人对付“五毒”的安防措施，就是撒雄黄粉，喝雄黄酒。

古人认为，雄黄能“杀百毒、辟百邪、制蛊毒，人佩之，入山林而虎狼伏，入川水而百毒避”。中国神话传说中常有用雄黄来克制修炼成精的动物的情节，就如变成人形的白娘子不慎喝下雄黄酒，就现出原形一样。古人不但把雄黄粉末撒在蚊虫孳生的地方，还饮用雄黄酒来祈望避邪，期望自己不生病。因为雄黄一旦融入酒精中，可以增强挥发，所以喝雄黄酒被认为是最有效的安防措施。然而现代科学证明，雄黄虽能御毒，但它的主要成分是硫化砷，而砷是提炼砒霜的主要原料，喝雄黄酒几近于吃砒霜，实在不该提倡。

古时“厌”字与“压”字形相近，意相通。“以毒攻毒，厌而胜之”是古代民俗中一种自我安慰的安防方法。为对付“五毒”，人们特意设计了五毒图案，并将它绣在小孩的肚兜、背心、鞋帽等上，声称能制约伤害孩童的邪毒。

五毒图

经过长期的女工实践，陕西关中地区的妇女对五毒造型进行了修饰改造，“五毒”的形象越来越美化，逐渐失去了当初以凶御凶的本意，最终成了工艺品。

二、“小鬼”与钟馗

钟馗是中国著名的民间大神之一。钟馗原来也是鬼，后来接受“招安”，被道教纳入了神仙体系。他的主要职能是捉鬼，据说他能把小鬼当成点心吃掉。

相传唐玄宗忽然得了重病，御医束手无策。一天夜里，他梦见一个穿着红色衣服的小鬼偷走了他的珍宝，这时，突然出现了一个戴着破帽子的大鬼，把小鬼捉住并吃到了肚子里。唐玄宗连忙问他是谁，大鬼回答说：臣本是终南山进士，名叫钟馗，由于考官嫌弃我长相丑陋，不录取我，所

钟馗像（杨筠石绘）

以我一气之下就在宫殿的台阶上撞死了。

唐玄宗从梦中醒来后，病就好了，他立即命令当时最有名的画家吴道子把梦中钟馗的形象画下来，挂在室内，以防范各种小鬼的侵扰。在皇帝的大力支持下，钟馗作为捉鬼之神的地位就逐渐确立了。与此同时，皇室用钟馗镇压小鬼的方式也逐步向民间传播，成了民俗。

最早记载钟馗的是唐玄宗时宰相张说的《谢赐钟馗及历日表》，写的是感谢皇上赐给自己钟馗像的事。

钟馗故里为陕西西安周至县终南镇终南村。据说，他少有大志，相貌奇异，性情豪爽，为人光明磊落，胆气过人，以“正气满身”闻名乡里。在周至民间，“请钟馗”“跳钟馗”“闹钟馗”等有关安防的民俗活动历史悠久。周至楼观台是道教的发源地，被封为“道教祖庭”的重阳宫藏有画圣吴道子的《钟馗神威图》古碑，为全国一级文物保护单位。

除了捉鬼之外，有关钟馗的故事还有很多，比如“钟馗嫁妹”等。在民间，人们用他的形象制作成各种艺术品，放置在住宅里或大门口，希望驱逐邪恶，获得平安。这些都是民间自发形成的安防措施。

三、“龙王”和门神

古人往往要在门上贴门神画像。

战国时就有关于门神的来历：在东海度朔山中，有一棵巨大的桃树，盘曲三千里，它的树枝伸向东北方的鬼门，所有的鬼怪来往都从此出入。

在这棵桃树下，站着两位神人——神荼和郁垒，这两位专门盯着来往的鬼怪，谁若胡作非为，二话不说就捆起来喂虎。

民俗中流传更广的门神是唐太宗李世民的两位大将尉迟恭与秦叔宝。凭借《西游记》的渲染，这两位门神的故事也早已深入民间。

话说泾河龙王和一个算卜先生赌下雨。先生说："明日午时下雨，未时雨足，共得水三尺三寸零四十八点。"龙王说："此言不可儿戏。如是明日有雨，依你断的时辰数目，我送课金五十两奉谢。若无雨，或不按时辰、数目，我要打坏你的门面，扯碎你的招牌，即时赶出长安，不许在此惑众！"

下雨是龙王的"专利"，泾河龙王认为这次稳操胜券。正在高兴时，却收到玉皇大帝"明日下雨"的圣旨，具体要求与算卜先生所说的分毫不差。为了赢得赌赛，龙王下雨时故意错开时间，并偷工减料，只下了三尺零四十点的雨。岂料此举犯了天条，因为抗旨，龙王被玉皇大帝判了死刑。龙王百般无奈，只能恳求算卜先生。算卜先生说："你明日午时三刻该处斩，执行人是当朝宰相魏征。若要性命，你必须去求当今皇帝李世民，那魏征是他的手下，若能得到皇帝恩准，可保无事。"于是，龙王半

门神像

夜来到皇宫苦苦哀求，皇帝也就答应了。第二天中午，皇帝李世民特地把魏征找来下棋，让他无法脱身屠龙。棋下到午时三刻，魏征忽然连打几个哈欠，伏在案边打起了瞌睡。皇帝以为魏征实在太累了，就任他睡着，并不呼唤。岂料魏征醒来说自己做了一个梦，梦中杀了一条龙。太宗皇帝大惊失色。

当夜二更时分，唐太宗正朦胧睡间，那泾河龙王手提着一颗血淋淋的首级高声叫道："李世民，还我命来，还我命来！你昨夜满口许诺救我，怎么反派你手下的魏征来斩我？"连续几夜，闹得李世民胆战心惊。

李世民手下的两员大将尉迟恭与秦叔宝听说此事，自告奋勇要求晚上把守宫门，不让变为大鬼的龙王进门。从此，这个龙王变成的大鬼就无法闯进宫门了。大将自有征战等重要任务，李世民不忍他俩昼夜劳苦，遂命丹青巧手画两将真容，贴于门上，竟然也起到了安防作用。

我们知道，官方的一些做法很可能向民间扩展，于是，这两员大将便成为千家万户的安防守门神了，普通百姓也把这两员大将的画像贴在门上，以求平安。

在古代生产力低下的前提下以上的那些安防措施，都只是心理安慰。但是，能做到这些，至少也表明了我们祖先的想象力。

苏州“闹猛将”的民间安防习俗

盛维红

在我国东南沿海地区，乃至东南亚都有祭祀妈祖的习俗，而在太湖流域的吴地也有类似的活动，叫做“闹猛将”，也叫“抬猛将”或“赛猛将”。

一、“猛将”是谁？

猛将是何许人？历来有不同的说法。

其一，传说猛将乃是灭蝗保穑之神刘锜。刘锜（1098—1162）南宋名将。《怡庵杂录》载：“宋景定间，封刘锜为扬威侯，天曹猛将之神。”中

闹猛将（许德昌摄）

国近代国学大师罗振玉《俗说》引乾隆三年（1738）举人朱坤《灵泉笔记》曰："宋景定四年，旱蝗，上敕刘锜为扬威侯天曹猛将之神。敕云：'飞蝗入境，渐食嘉禾，赖尔神灵，剪灭无余。'蝗遂殄灭。"其二，又传猛将为灭蝗保穑之神刘承忠。据清代《畿辅通志·祀典》载："承忠元末驻守江淮，会蝗旱，督兵捕逐，蝗殄灭殆尽。后元亡，自溺死，当地人祠之，称之曰刘猛将军。"其三，吴地东山人王鏊《姑苏志》中载："猛将名锐，乃锜之弟，尝为先锋，陷敌前。"其四，还有称猛将是刘鞈，宋代出使金国，不屈而死。或是南宋进士刘宰（吴地金坛人），民间传说他是职掌蝗蝻的神。其五，吴地流传的《猛将宝卷》《猛将神歌》中，以为"猛将军"是宋朝申江的一个牧童，名叫刘佛寿，因灭蝗殒身而被奉为神。据清袁学澜描写，大猛将堂中刘猛将相貌如童儿，似与此有关。

以上种种，可谓众说纷纭。

二、吴地人为什么祭祀刘猛将？

"闹猛将"就是百姓自发的安防活动。

根据《郡志》的说法，刘猛将有两大法力，一是治蝗虫，二是攘旱灾。可见，这个"猛将"就是老百姓心目中的保护神。

《清嘉录·祭猛将》云："传神能驱蝗，天旱祷雨辄应，为福畎亩，故乡人酬答，为心愫。"祭祀猛将的活动，顺应了百姓祈求风调雨顺、减少虫害、保蚕花茂盛的心理，以至"三农竭脂膏，不惜脱布袴""富家施以钱粟，村民击牲献醴，抬像游街"。清代，官府把它作为"驱蝗正神"列入祀典，一方面迎合了吴地百姓的需求，另一方面也反映出朝廷对"苏湖熟，天下足"的江南粮仓的农业生产的倚重心态。

苏州是猛将信仰的发祥地，猛将庙特别多，据《清嘉录》记载，苏州城内外的猛将庙共有五所，除宋仙洲巷吉祥庵外，其他分别在盘门营内、阊门外的江郙桥西，还有在横塘与洞庭山杨湾。如今，乐将武场、三多桥北堍、卫道观前皆有"猛将堂""猛将弄"地名。

百姓对民间信仰的其他神大都是恭敬有加的，唯独刘猛将在民众心目中是一位可亲可近的神。人们祭祀他，又同他一起娱乐、游戏、嬉闹，一如清人的记载："农人舁猛将，奔走如飞，倾跌为乐，不为慢亵。"民众以此为乐，这位"老爷"（吴地对神佛的尊称）绝不会发怒。

太湖流域有很多有关祭祀猛将的专祠庙堂。旧时，吴地几乎没有人不知道“闹猛将”的。据清代袁学澜（1804—1879）考证，《明祀典》中已有祭祀刘猛将之记载，祭祀的时间为正月初一，到清初，民间的祭祀也由官方接管举行，“国朝雍正十二年，诏有司，岁冬至后第三戊日及正月十三致祭”。自清朝嘉庆朝始，祭祀活动已纳入国定例事，同治朝，猛将被加封为“普佑上天王”，猛将庙楹联一般为“灭蝗猛将军，普佑上天王”，由皇帝钦定它为正宗神祇，规定春秋两祭。就是说各地祭礼规格同于关帝庙祭祀，都要由本地最高行政长官（相当于市长）主祭。可见，“闹猛将”已由民间发展为官方的祭祀活动，显得更为正规。

三、苏州的“闹猛将”活动

传说，正月十三是猛将的生日，此日苏州城里的老百姓，都要到猛将堂看吉祥庵中点燃五六十斤重的大蜡烛。各处老百姓们把猛将的神像抬出来游街，俗称“抬老爷”游行，以祈求风调雨顺。猛将堂的大猛将高 1 米多。眉清目秀、鼻正口方，是个长相亲民的青年。乡间各村为猛将唱生日堂会，并祈求猛将保佑春耕秋收，还要请“祝司”唱《猛将神歌》，并用吴歌高歌谢恩、感恩。正月十五元宵之夜，立杆于猛将堂前挂“塔灯”。春节期间的“闹猛将”活动，至此才热热闹闹地结束。

（一）浒墅关等地的“闹猛将”活动

浒墅关一带的农人，以正月竞渡来“闹猛将”。每庄一船，在浒墅关集中，一声号令，几十条船向虎丘方向进发，船上敲锣击鼓，摇旗呐喊，众人争先恐后，奋勇向前。船一直划进山塘河，直到普济桥，全程竟有二十多里，两岸观者如堵，欢声雷动，实在可与端午竞渡媲美。此俗到民国年间尚存，据当地老人回忆，最后见到的正月竞渡“闹猛将”，是在 1937 年正月。后日寇入侵，苏州沦陷，此风不再。

昆山县另有“水陆猛将会”，陆地出会同上；水路出会乘船，在船头要表演各种武术、技艺。

（二）经久不衰的东山“闹猛将”

近年来，太湖地区的胥口、东山、西山、木渎、光福、香山、东渚、阳山、通安等地又恢复了“闹猛将”活动。它同春节期间农村的庆祝和娱乐活动结合在一起，更加渲染了节日气氛，也表达了村民们对新的一年稼穑、鱼果、蚕桑丰收的祈祷和期望。

民国年间，东山猛将庙不下百处，村村供奉立祠，无有虚者，其中杨湾“闹猛将”最为热闹。

由于商帮的苦心经营，东山从商富户逐渐名声在外，东山民宅常因此遭到太湖强盗的洗劫。为了抗击湖盗，猛将会顺应村镇安防需求，组成民间联盟组织，通过猛将会将东山人团结起来，共同对付湖匪。一旦湖匪来袭，村人即鸣锣呼救，各村的猛将会会员便疾趋应援，抱团抵御盗匪的恶行。村民们夜敲“夜帮锣”，昼敲“日帮锣”，展示了团结、强悍的巨大力量，“闹猛将”对湖匪形成一种威慑。猛将会在明代江南民众抗击倭寇的斗争中也发挥过作用。据《东山乡志》载：“万头攒动，脚步雷鸣，人声鼎沸，势如潮涌。”

如今，东山民间“闹猛将”活动从农历正月初一就开始了，一直延续到元宵节后。正月初一清早，各地农民抬着猛将像巡游村寨贺年。每到一村，先绕村场游行一周，放鞭炮。他们拿着猛将的“帖子”，与该村的猛将“互访”，实际上是各村村民互相祝贺，互道吉祥。在出会的队伍中，照例要有各种地方特色的歌舞、杂技、武术表演。

大年初三的活动最为热闹。凡有猛将老爷到达，一时鞭炮齐鸣、锣鼓喧天，村民们舞龙灯，并跳花篮舞、腰鼓舞等各种具有水乡特色的舞蹈。凡猛将经过的路上，不少人家在门口安放祭台，点好香烛，放上贡品，以此祈求新年平安和丰收。

（三）丰收节和通安镇的“闹猛将”

“闹猛将”作为民间信仰，一度被视为迷信活动。近年来，随着国家对非物质文化遗产的重视，“闹猛将”已被列入保护之列，它成了苏州地区旅游项目的热点。2018 年 6 月 21 日，国务院将每年农历秋分日设立为“中国农民丰收节”。苏州丰收节时，通安镇树山村通过激活“闹猛将”的民俗活动赋予了它新的内涵——感恩党和政府给村镇带来的巨大变化。通过看演艺、赏民俗、庆丰收、品美食等四大主题渲染民间盛大节日。“闹猛将”将“猛将出堂、猛将巡村、猛将赐福、猛将回堂、宣卷讲经”等仪式逐一推开，将“丰收”“兴旺”的喜庆、祝福送给遇到的每个人。猛将出巡，热闹非凡，村民、游客自发跟摄，争先恐后，势如潮涌。

难怪，自古以来“猛将文化”发源地的苏州人把热闹说成“闹猛”。

古代安防措施——宵禁

于　野

宵禁，从字面上来看，“宵”是夜晚，“禁”是禁止。宵禁就是禁止夜间活动。当然，这里禁止的夜间活动不包括在私人空间的活动，而是特指在公共场所的活动，例如街道、广场等地。在自己家里喝点小酒，和朋友叙谈叙谈，跟老婆调调情，不在宵禁之列。但一出门就违反了宵禁令，后果自负。

宵禁，在现代社会是一种非常手段，一般在战争状态、国内紧急状态或者戒严时期使用，或在军事演习、重大事件发生时使用。实施宵禁期间，在实行宵禁的街道或者其他公共场所通行时，必须持有本人身份证件和宵禁实施机关颁发的特别通行证。宵禁执行人员有权对违反宵禁规定的人予以扣留，直至宵禁结束。宵禁，由政府、军队机关基于公共安全需要来决定，并由军警具体负责实施。

一、亘古不变的宵禁制度

宵禁是一种亘古不变的制度，不受朝代更迭限制，已延续了近三千年。据说，北京前门大街的宵禁，晚清还在断断续续施行着，直到辛亥革命成功才彻底去除。岁月悠悠，宵禁也悠悠。

周代，设有“司寤氏”一职，掌管白天、黑夜的时间分段，实行宵禁。《周礼》记载：“掌夜时，以星分夜，以诏夜禁，御晨行者，禁宵行者、夜游者。”

唐代，宵禁制度十分严格。首先从行政区划来说，唐代实行“里坊制”，也称“坊市制”。“唐制，百户为里，五里为乡，居州县郭内者为坊，郭外者为村，里、村、坊皆有正。里正掌按比户口，课植农桑，检察

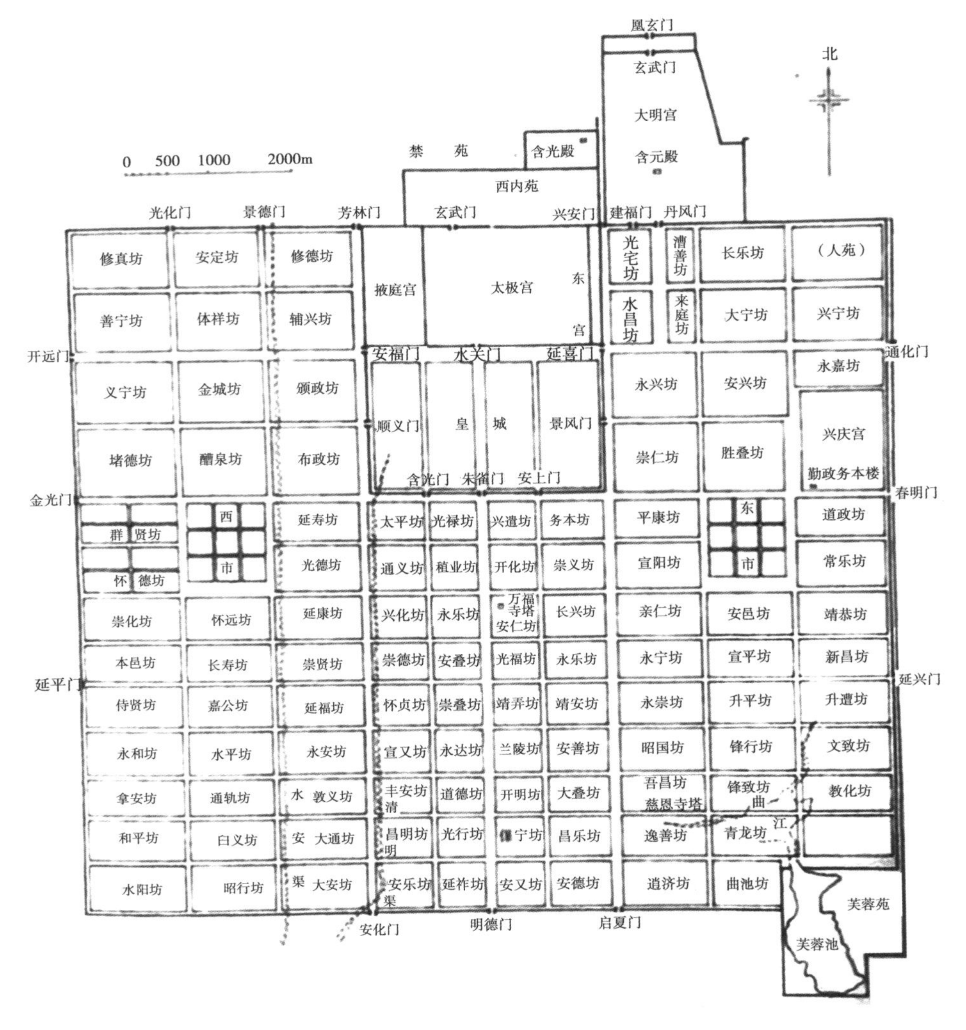

长安城布局

非违，催驱赋役。坊正掌坊门管钥督察奸非。”城外乡村不说，凡州、县以上的城内都以坊为管理单位，即把一个城市切成一个个的豆腐块，每个豆腐块为一坊，取不同名，设坊正（相当于现在的居委会主任）为管理者。

我们以当时的京城长安为例，看看这个棋盘一样的东西是啥样子。

上图就是当时长安城的城市布局，《唐六典》记载：“皇城之南，东西十坊，南北九坊；皇城之东、西各十二坊，两市居四坊之地；凡一百一十坊。”可见，作为都城的长安，其市坊布局相当规整。至于坊的内部结构，大致为：大坊内部，四门加一条十字街，小坊内部，两门加一条横街。至于“两市”，即东市和西市，则为商业区。宋人宋敏求的《长安志》对此有这样的记载：“东市，隋曰都会市，南北居二坊之地，东西南北各六百步，四面各开一门，各广百步……街内货财二百二十行。西市，隋曰利人市，南北尽两坊之地。”这种居民坊市的设计，以其整齐严明反映了隋、唐政权的统治理念，即把全城分割为若干封闭的里、坊作为居住区，商业与手工业则限制在一些定时开闭的“市”中。统治者们的宫殿和衙署占有全城最有利的地位，并用城墙保护起来。“里”和“市”都环以高墙，设里门与市门，由吏卒和市令管理。出入之处有栅栏隔断，栅栏开有门，门口有关卡，设有类似于现代岗亭的“卡房”，由官府的衙役看守。这样，宵禁制度的实行就有了完备的地理建筑的物质条件。

长安城的白天是喧闹而欢快的。当时，它是全世界最繁华的城市，东瀛朝鲜，西域波斯，万国来朝。长安街上，人声鼎沸。

然而，随着太阳西下，人声也会云散；也就是说，宵禁开始了！

《唐律疏议》记载：“五更三筹，顺天门击鼓，听人行。昼漏尽，顺天门击鼓四百槌讫，闭门。后更击六百槌，坊门皆闭，禁人行。违者，笞二十。……若坊内行者，不拘此律。”宵禁的具体时间规定是这样的：一更三点敲响暮鼓，禁止出行；五更三点敲响晨钟后才开禁通行。拿时间来换算，现在的晚上7点到9点为一更，9点到11点为二更，午夜11点到1点为三更，凌晨1点到3点为四更，凌晨3点到5点为五更。也就是说，晚上7点多钟就不能出去了。这时“昼刻”已尽，衙门开始敲催行鼓，计四百槌，老百姓必急急匆匆回到自己居住的坊里；敲六百槌，连坊门都关了。之后直到第二天早上，这段时间就不能出坊了。金吾卫（掌宫中及京城日夜巡查警戒，并随从皇帝出入的亲兵）开始上街巡夜。除了皇帝特别批准的官员、贵族外，任何人不能违禁夜行；在城里大街上无故行走，就是“犯夜”罪，要被笞打20下。只有为官府送信件之类的公事，或是为了婚丧吉凶以及疾病买药请医的私事，才可以在得到街道巡逻者的同意后夜行，但不得出城。

除了金吾卫巡街外，还有更夫巡夜。在宵禁制度森严的朝代，城头敲响暮鼓（闭门鼓）之后，更夫就提着灯笼出来了。他们通常两人搭班，一人掂着铜锣，一人拿着梆子，走街串巷，彻夜巡行，每更敲一回，总共敲五回，每回敲锣的节奏和次数都不同，告知人们时辰，并提醒防火防盗。所以，倘若你失眠，半夜想出去转转，那是不允许的，否则可能被当成小偷，抓去见官。

五更开始，门楼就擂响 400 下“开门鼓”，至此，长安城又恢复了人气，集市开始，该办事的办事，想逛街的也可以打扮好出门了。

京城长安如此，地方州、县也一样。市坊建造就很普遍，如苏州有 60 坊，有些地方到现在还留着“大栅栏”“北栅口”之类的地名。日出开坊门，日落后敲街鼓关坊门，管理极为严格，但也井井有条。总之，全国上下，州、县以上，安全防卫，统一管理，政权稳定，百姓安分。

二、宵禁的积极意义——安防

为什么要实行宵禁呢？目的只有一个：安防。

早在先秦时，《管子》就说：“大城不可以不完，郭周不可以外通，里域不可以横通。……大城不完，则乱贼之人谋；郭周外通，则奸遁逾越者作；里域横通，则攘夺窃盗者不止。……宫垣不备，关闭不固，虽有良货，不能守也。”可见，坊市管理，夜禁制度，就是出于“卫君、守民”的目的。想想当时长安有一百多万人，庞大的人口数量与都城的保卫工作的确需要有效的管理制度。

实行坊市夜禁制度后，偷盗奸淫之徒的确少了很多。虽然当时没有现代监控设备，但毕竟巡夜的兵丁衙役看得紧，对“犯夜”者是一种不小的约束。再者，对于喜好醉生梦死和从事色情行业的青楼妓院也有不小的制约作用。更鼓一敲，心头不由得一颤，不得不起身回家。不然的话，要么夜宿不归，想要在夜间壮胆回家，那是要冒风险的。所以，唐代坊市制度具有管理和服务的双重功能，管理功能是以维护封建统治为主要目的（侧重于坊）的，而服务功能则带有维护市场秩序，促进经济稳定、发展的目的（侧重于市）。“市”本来就不是为了发展商品经济，而只是为了满足城市居民的需要。宵禁，一方面是为了安全，另一方面也符合那时人们的生活习惯，有它的理由。

但是，凡事有利也有弊。长期实行宵禁，无疑压制了人们正常的生活需求，使得正常的娱乐、交往要求得不到满足，不利于商业活动，自然也就不利于生产的发展，不利于经济的发展。

当然也有特例。唐代，一年中有三天是准许“放夜”的，即不实行夜禁。那就是正月十五元宵节（上元节）前后 3 天，人们可以通宵达旦地玩。这有唐代苏味道诗《正月十五夜》为证：

火树银花合，星桥铁锁开。
暗尘随马去，明月逐人来。
游伎皆秾李，行歌尽落梅。
金吾不禁夜，玉漏莫相催。

看看老百姓这 3 天的高兴劲，再想想一年中其他日子的闭门熄灯，唐代人的生活也很是无趣的。

在中国几千年的历史长河中，除了战乱或者改朝换代，因政治动荡使得统治阶级无法实行宵禁制度外，大多数时候，人们都生活在规规矩矩的坊市之中，默默地守着长夜。

三、宋代取消宵禁

可也有例外，那就是宋代。

在中国历史上，实施宵禁令最坚决的是唐朝，取消宵禁令最彻底的则是宋朝。盛唐之盛，在于疆域辽阔，文治武功，影响遍及海外。而提起宋代，则不免让人想起"偏安"两字。宋代在对外关系上，的确不怎么样，但是，在政治的宽松上，在经济的富庶上，在人性的自由上，宋代却数一数二。正是在宋代，明令取消了宵禁。

宋朝的首都开封和杭州，人口都过百万，和唐时长安相比，简直是不夜之城。由于实行坊市合一的管理制度，做生意没有任何时间和地点的限制，早市、午市、夜市，一个未了，一个开场，一个接一个。迎来送往，买卖兴旺。"处处各有茶坊、酒肆、面店，果子、彩帛、绒线、香烛、油酱、食米、下饭鱼肉鲞腊等铺。盖经纪市井之家，往往多于店舍，旋买见成饮食，此为快便耳"。在张择端的《清明上河图》上，市民之忙忙碌碌，车马之喧嚣过市，仕女之丰彩都丽，文士之风流神韵，建筑之鳞次栉比，街衢之热闹非凡，绝对是唐朝长安和洛阳见不到。

这画面自然描写的是白天，那么夜晚呢？孟元老所著《东京梦华录》中记载了当年汴京的盛况：

太平日久，人物繁阜。垂髫之童，但习鼓舞。斑白之老，不识干戈。时节相次，各有观赏。灯宵月夕，雪际花时，乞巧登高，教池游苑。举目则青楼画阁，绣户珠帘。雕车竞驻于天街，宝马争驰于御路。金翠耀目，罗绮飘香。新声巧笑于柳陌

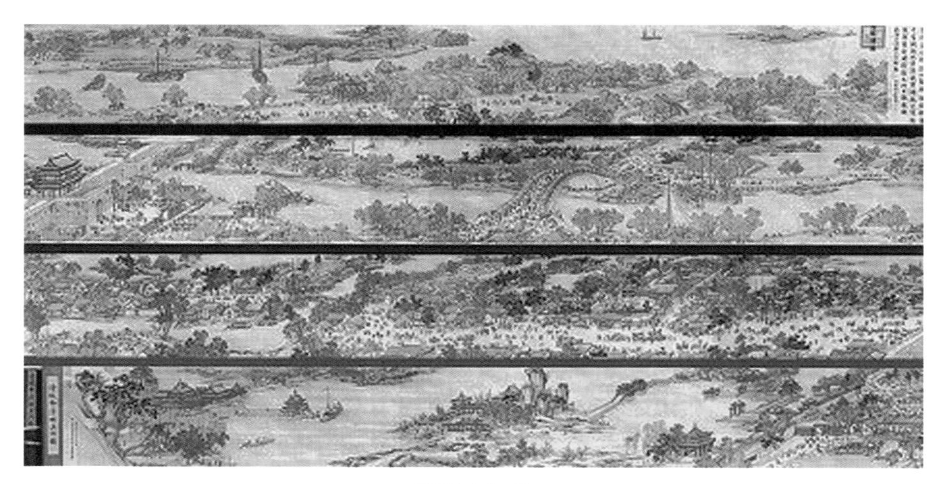

清明上河图

花衢，按管调弦于茶坊酒肆。八荒争凑，万国咸通，集四海之珍奇，皆归市易；会寰区之异味，悉在庖厨。花光满路，何限春游；箫鼓喧空，几家夜宴？伎巧则惊人耳目，侈奢则长人精神。

汴京如此，临安更有过之无不及。据吴自牧的《梦粱录》和周密的《武林旧事》记载，那时的临安，其城郭之美，物品之丰，人烟之盛，商贾之富，娱乐之盛，并不亚于汴京。“杭城大街买卖昼夜不绝，夜交三四鼓，游人始稀，五更钟鸣，卖早市者又开店矣”。一座150万人口的都市，其夜市规模，与现在一些城市也差不了多少。

宋代取消宵禁，竟然带来了这样的繁盛景象。

可惜，历史有时候总爱绕弯路。宋亡于元，文明被野蛮践踏，富于商业资本主义萌芽的宋代经济模式又倒退了回去，城市的夜晚从此失去了灿烂灯光。元代，重又恢复了宵禁制度，由此延续了600年，直至清王朝覆亡。

古代为了安防而实行的宵禁制度，既是政治保障和经济需要的反映，反过来又为一定的政治和经济服务。安防制度唯有在政治清明、经济繁荣的时代，才会真正为人民所接受、所欢迎，才会发挥它应有的作用。

医药禁忌的安防意义

张长霖

每个国家都有自己的禁忌，中国也不例外。这些禁忌或许是习惯，或许是迷信，也或许是宗教信仰，这其中有些却是出于安防的考虑。这里说一些我国古人在医药方面的禁忌，以及这些禁忌的安防意义。

一、从“徐达吃鹅”说起

在野史和民间传说中广泛流传着这样一则故事，说明朝开国第一名将大元帅徐达是被朱元璋用一只烧鹅害死的。徐达晚年远离朝政，淡泊名利，一次“疽发于背”，也就是背上生了恶疮，俗称“搭背”。朱元璋听说后赐给他肥鹅一只“进补”。徐达明知得了“搭背”忌食肥鹅，既然朱元璋动了杀心，他也只能忍着悲愤，吃下肥鹅。不久，徐达病情恶化，就去世了。

徐达像

这个故事正史没有记载，只是道听途说，但它却反映了中医上的发物禁忌。

何谓“发物”？发物是指富于营养或有刺激性，特别容易诱发某些疾病（尤其是旧病宿疾）或加重已发疾病的食物。发物禁忌，是中医药最重要的禁忌之一。

在发物中，如鸡、蛋类、猪头肉等对人体而言都是异体蛋白，可构成过敏源而导致人体发病。

鱼、虾、蟹类就含组胺，组胺可使血管通透性增高，微血管扩张、充血，血浆渗出，腺体分泌亢进，嗜酸性白细胞增高等，导致机体发生变态反应，即过敏反应，从而诱发皮肤病，如出现红斑、丘疹、水疱、发热等。

酒、葱、蒜等可通过酒精或挥发刺激物质，直接引起毛细血管扩张、血流加速，致使原有的皮肤病病情加重或病情迁延。

发物之所以会导致旧病复发或加重病情，有学者归纳了三种可能性：

一是上述食品中含有某些激素，会使人体内某些机能亢进或发生代谢紊乱。如糖皮质类固醇超过生理剂量时可以诱发感染扩散、溃疡出血、癫痫发作等，导致旧病复发。

二是某些食物所含的异体蛋白可成为过敏源，导致变态反应性疾病。如海鱼、海虾、海蟹往往会引起荨麻疹、湿疹、神经性皮炎、脓疱疮等顽固性皮肤病的发作。

三是一些刺激性较强的食物，如酒、葱、蒜等辛辣刺激性食品对炎性感染病灶，极易引起炎症扩散、疔毒走黄。这就是中医所说的热证忌吃辛辣刺激性发物的道理。

“徐达之死”仅为传闻，但发物禁忌是真实存在的。

二、中医药的主要禁忌

中医除了发物禁忌之外，还有不少其他禁忌，下面说一些主要的。

其一，不要喝浓茶。饮用中药时，要注意不喝浓茶，因为浓茶中单宁酸含量十分丰富，服用中药的同时喝浓茶会大大降低中药的疗效。所以，服用中药后至少两三个小时再去喝茶。

其二，避免辛辣。饮用中药时，日常饮食不要太辣。因为辛辣的食物大多属于热性，吃太多会使身体火气加大。它会加剧原本上火的情况，抵减中药清热凉血的效果。

其三，不宜吃生冷和酸性食物。生冷和酸性食物具有一定的收敛作用，服用中药时吃，会影响药物的治疗效果。

其四，不宜食用难消化的食物。难消化的食物对脾胃有一定的伤害，病人脾胃功能一般较弱，服药期间多食不宜消化的食物，不仅会影响药物的吸收，而且会影响脾胃的正常运作。

其五，药中不应加糖。许多人觉得中药非常苦，难以下咽，于是就在其中添加一些糖来缓解苦味。事实上，这是不对的。加糖，虽然可以更好地入口，但糖也有自己的化学成分，加入中药后可能降低疗效，所以饮用中药时不要加糖，中医常说“良药苦口利于病”。

《中医辨证治疗肝病》

其六，不宜吃腥膻食物。饮用中药时，不建议吃海鲜类食物。因为这些食物通常口感冷，对于体质虚弱的人来说，和中药一起食用容易引起过敏。而且，腥膻食物往往不易消化，所以，现代西医也嘱咐病人在服药期间少吃或者不吃腥膻食物。

其七，不宜食用发物。发物容易引起发热、发疮、上火、动风、生痰、胀气、便秘、腹泻等，导致现代医学所指的变态反应性疾病，如过敏性紫癜、皮炎、湿疹、肠炎、荨麻疹等。发物按照性能可分为六大类：一为发热之物，如薤、姜、花椒、胡椒、牛肉，羊肉、狗肉等。二为发风之物，如虾、蟹、鹅、鸡蛋、椿芽等。三是发湿热之物，如饴糖、糯米、猪肉等。四是发冷积之物，如西瓜、梨、柿等各种生冷之品。五是发动血之物，如海椒、胡椒等。六是发滞气之物，如羊肉、莲子、芡实等。七是民间长期实用结论性发物，如魔芋、芋头、泡菜、香菜、韭菜等。

中医的禁忌，就是为了安防。

三、“三钱萝卜籽”的辩证思维

禁忌是死的，中医是活的，辩证思维是中医思想的精髓。下面说一个清末苏州名医曹沧洲“三钱萝卜籽”的故事。

名医曹沧洲（1849—1931）名元恒，字智涵，江苏苏州人，家居苏州阊门西街。其祖父云洲，父承洲，历代行医，精理内科方脉，兼治痈疽等症，众口交誉，德冠吴中。清末，曹沧洲进京，被召为御医，一举成名，

曹沧洲祠

著有《曹沧洲医案》二卷，《霍乱救急便览》《戒烟有效无弊法》等。另有曹氏诊病医案抄本数种。

相传，慈禧太后当朝时每天山珍海味，除了以人参日日进补外，燕窝、银耳几乎当饭吃。后太后患疾，久治不愈。御医曹沧洲想到，医书上记载：“滋补过多，必然食阻中焦，中焦闭塞，危在旦夕。”于是给慈禧开了一味草头药，只写了五个大字“萝卜籽三钱”，众御医当场发呆，萝卜籽是刮油的，西太后要滋补身体，这不是忤逆太后心意吗？但曹沧洲坚持用药，并亲自煎制，亲自送药到西太后的卧室，看着她喝下去。

西太后饮了三钱萝卜籽药汤后，当晚就通了大便，第二天一早就能起床了。她感谢神医曹沧洲，恩赐曹沧洲九品顶戴。

曹沧洲三钱萝卜籽治愈慈禧太后，实际上就是巧妙利用了中医“服人参忌食萝卜”的禁忌知识。他针对御医滥用人参等大补药的陋习，用萝卜籽解决了慈禧太后过度滋补导致消化不良的问题。这就是中医高明的辩证思维。

文化篇

古代科举考试中的安防技术与措施

于 野

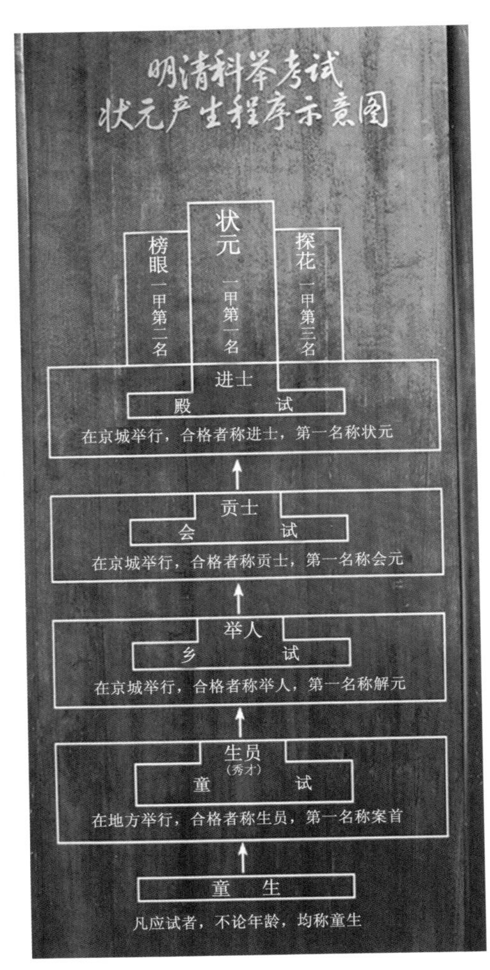

古代科举考试程序

“科举”是古代选拔官员的主要形式，因采用“分科取士”的方法，所以叫“科举”。

一、科举考试概貌

中国科举制度开创于隋朝，发展于唐代，完善于北宋，强化于明、清，历时一千三百余年。科举考试作为我国古代最重要的一种考试制度，是文人士子求取功名的唯一通道，十年寒窗无人问，一朝成名天下知。在这条路上，每个人都奋勇拼搏，其间，多数人凭真本事，也有人投机取巧，想出各种方法作弊。为了杜绝作弊，朝廷采取严厉的惩罚手段，以震慑作弊行为。可以说，整个科举史充满了作弊、防作弊和反作弊的斗争。

科举考试，因朝代不同在细节上也略有不同，以明、清两代来说，考试分为四级：童试，是最初级的考试，参加考试者人，不论年龄统称童生。童生通过童试，称为生员，俗称秀才。童试过后是乡试，通过乡试就是举人了。秀才不稀奇，举人才算有点社会地位，所谓“穷秀才，富举人”就是这一区别的形象说法。《儒林外史》里的范进原是秀才，被人瞧不起，一中举人就不得了了，甚至欢喜得发了疯。第三级叫会试，在京城礼部举行，考试通过后成为贡士。会试后，第四级是殿试，由皇帝主持，考试通过后即为进士。

考试级别不同，考场制度不相同，作弊现象也大不同。作为初级考试的童试，作弊的比较少，因为初级考试相对容易，而且即使当上了秀才也只是根葱。第四级殿试也几乎没有作弊，原因有二：其一，它不淘汰，凡贡士只要参加殿试，一律录取为进士，只是名次可能会前后调整，考生没必要枉费心计；二是在皇帝面前谁都不敢造次。作弊现象比较严重的是第二级乡试和第三级会试，尤其是第二级乡试，因在省里举行，人脉路径熟悉，于是乎，作弊、防作弊和反作弊的交锋格外激烈。

二、科举考试的考场

古代科举有专门的地点、专门的考场和专门的后勤部门。对科举考试场地的选择历朝历代都非常重视，必须是风水吉地。因交通便利，商市齐全，能满足考生们衣、食、住、行的需要。而且，还要居民不稠，以防考生过多，考场扩建不便。

此外，相当重要的一点，是考场必须紧邻水源。有些考场修建时附近没有水源，官府就会大兴土木引水进考场。明嘉靖四年（1525），陕西增修贡院，疏浚原有水池，“引通济渠于五星堂下”。通济渠是西安城居民的主要水源，入城后分为三脉，其中一脉“从广济街北流，过钟楼，折而西过永丰仓前入贡院”。引水入贡院最基本的缘由当然是出于安全的需要，是为了防范火患。

科举考场的内部设计严谨，布局整齐，一般分为候场、试场、外帘空间和内帘空间。

候场是考生核对姓名，等候入场的地方，考生先排队点名，之后进入第一道大门。接着，进入第二道大门，第二道大门分东、中、西三个入口，考生一般只能从东门和西门进入，只有考官到来时中门才会开放。第二道大门之后还有第三道大门，也就是最重要的龙门，这里是核对考生姓名、排队进场的地方。

考生在核对姓名无误后进入试场，试场构造为方形，正中间是明远楼，明远楼是考官监视瞭望的地方，地处高位，举目四望，考生情景一览无余。除明远楼外，考场的四个角上各设有两座瞭望楼，考官就坐镇其中。

明远楼东西两侧是考生们考试的号舍，号舍有很多排，排间距不足 1 米。一人一小间，地面和墙壁都用砖铺成，中间有桌子，考生可伏案答卷作文。

每个号舍提供一个暖炉、一篓碳，这不是用来取暖的，而是给考生烧茶热饭的。号舍前有栅栏，考生不能随意出入，如果有外出需要，每一小巷里有 8~10 名号军，专门满足考生们的各种要求。总之，进去了就不能随便出来。

外帘空间和内帘空间跟考生没有太大关系，主要用作考官们休息的办公和放置后勤物资。

考场的布局严密，是防作弊所采取的第一道技术性安防措施。

三、考试时的作弊与反作弊

科考开始，作弊与防作弊、反作弊的斗争也从此时开始了。

第一个肚里没货的考生来了。他想到的作弊方法是带点有用的东西进考场，比如几张纸、笔记本或者教科书、辅导书什么的，在古代，这些统称为“夹带”。四书五经等内容的东西，或藏在衣服里，或藏在鞋袜里，或藏在笔墨蜡烛里，反正，充分发挥想象力，只要能蒙混过关，能藏得住，就是好地方。但是，这种低级的作弊方法大多不能成功。朝廷不是吃素的，一个“搜”字解问题。明朝的考场就搜得非常仔细，经常会把考生扒光了，从发辫到脚踝搜检，有时候甚至肛门都要扒开瞅一瞅。清

夹带

苏州状元博物馆藏作弊夹带（局部），黄绢，全长 118 厘米，宽 42 厘米，两面有字，书写四书五经章节，折叠后可置于火柴盒中。具体来说，一个平方厘米有十来个字。

朝一开始对考生查得并不是很严，后来朝廷发现苗头不对，对搜检的规定也就越来越严格、越来越烦琐。乾隆皇帝就曾亲自下文，规定：考生的皮衣不能带面，毡衣不能带里，鞋子不能厚底，笔管必须镂空，蜡台柱必须空心通底，考篮必须玲珑透光，带的糕点、饽饽必须切开。乾隆皇帝还要求检查考生的“亵衣下体”，他也承认这样不太得体，不搜不行，他也很无奈。

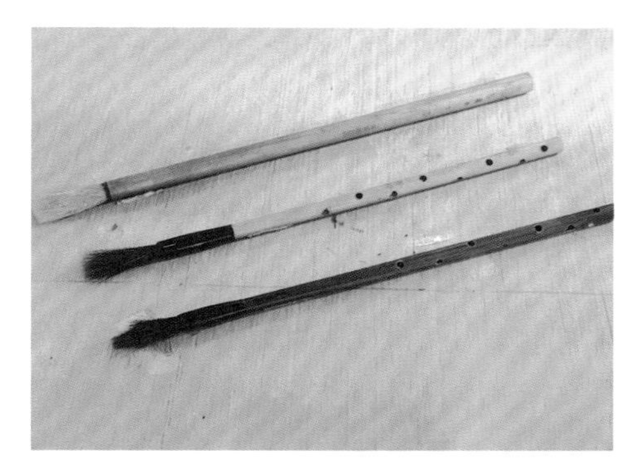

考试用笔

苏州状元博物馆藏科考用毛笔。上为作弊用笔，笔管掏空，可置放夹带；下两笔为合格考试用笔，笔管镂空洞，以示笔管内无物。

第二个肚里没货的考生来了。他想到的方法是里外沟通。古代考生运用这种作弊手段方法比较老旧，即飞鸽传递。据传，曾有一段时间，每到考试的时候，贡院上空就聚集着许多白鸽，展翅翱翔，非常祥瑞。后来，考官发现这些鸽子并非祥瑞，而是来给主人送小抄的。程序是，考生先把考题抄上，由家里飞来的鸽子带回。家里面呢，高手早就已经准备就绪了，他们以最快的速度写好文案，再由飞鸽传送回考场。可怜那些监考官员和来回巡视的兵丁，不仅要看住人，还得不住地仰望天空，盯着这些“祥瑞使者”究竟落脚何处。

第三个肚里没货的考生没来，没来不等于不想走科举之路，他想到的方法是找人代笔。这个考生的家里不是有钱就是有权势。代笔的人又称“假手”，亦即我们现在所说的“枪手”。据说，民国显要人物胡汉民早年在科考中常当“枪手”，而且屡屡奏效。对于这种替名入试的作弊方法，政府的防范措施就是发“准考证”，准考证上描述考生相貌，比如胖、面白、虬髯等。万一考生为了考前精神一下，把络腮胡子剃了，那很遗憾，你只能先回家养出胡子再说了。当然，相貌特征细微复杂，靠简短文字是很难精确描述的。特别是长相普通的，光靠几句话很难知道是不是本人。所以，考生入场前还必须有认识他们的旁人当场指认、签字画押，如事后发现有冒名顶替情节，指认者负连带责任。这是那个时候能够想出的最好办法了，因为当时没有相片和指纹一类的东西。

第四个肚里没货的考生想到的方法，可以说是第三个考生的升级版，叫“就院假手”。即考生与替考者同时进入考场，替者的名字写在被替者的试卷上，被替者的名字写在替者的试卷上。这种作弊方法中最著名的“枪手”就是晚唐诗人温庭筠。温庭筠号称“温八叉”，孙光宪《北梦琐言》中说，温庭筠“才思艳丽，工于小赋，每入试，押官韵作赋，凡八叉手而八韵成”。文中说，温庭筠从得一题目到思考作诗只需要叉 8 次手的时间，剩下的时间他就专门替别人答卷了。对于这样的作弊，基本上没有好的应对防范措施，唯一的办法就是对笔迹。但问题在于，巡视监考的小吏怎么知道谁是谁呢？好在这样的作弊概率很低，有谁愿意把自己的锦绣前程拱手让人呢？

乡试和会试要整整考九天。当然不是天天考，其中只有三天考试，共考三场。首场第一天进去，第二天考试，第三天出来，以后两场依此类推。

四、考试后的作弊与反作弊

考试结束，考生把试卷交给考官，更深层次的考试舞弊又开始了，那就是考生和考官的内部交易。

譬如，考生在试卷上做个特殊记号，段落结束用确定的文句表述，考官知道后牢记在心，阅卷时，第一时间找到这份试卷，并给以高分。这种作弊行话叫“通关节”。以清咸丰八年（1858）顺天乡试科场案为例，考生和考官通的关节就是头三篇八股文里，第一篇文末用“也夫”两字；第二篇文末用“而已矣”三字；第三篇文末用“岂不惜哉”。卷子交上去以后，考官就挨个找“岂不惜哉”。通关节在所有作弊方法中属于最“上乘”，是最高级别的。对此，朝廷采取了一系列措施。例如，“锁院”制度，即按照规定，主考官一旦被任命，就不得再和外人交往，直接赶赴考场，然后就被锁在贡院里面，一直到阅卷结束才被放出来。除主考官外，朝廷还配备了很多同考官，一方面分担主考官的工作，另一方面让同考官对主考官加以监督、制衡。同考官数量很多，以清朝为例，在会试和大省份的乡试中，同考官有十八位之多，号称“十八房”。再如，实行“糊名”“誊录”制度。乡试和会试这两级考试都实行誊录制度。糊名，即把考生的名字密封起来；誊录，即考生用墨写就的“墨卷”，交上去后，又专门请人用红笔照样誊录一遍，叫朱卷。墨卷不许送去阅卷，送进阅卷的只是誊录好的朱卷。阅卷开始前，正副主考官把朱卷分成小堆，用抽签的办法随机分派给同考官。同考官阅卷后，选出好卷子推荐给主考官，由主考官最终决定是否录用。乡试阅卷结束后，所有墨卷和朱卷要再送往京师礼部，由 40 名官员逐一检查，称之为“磨堪”。会试的阅卷过程也大致相同。

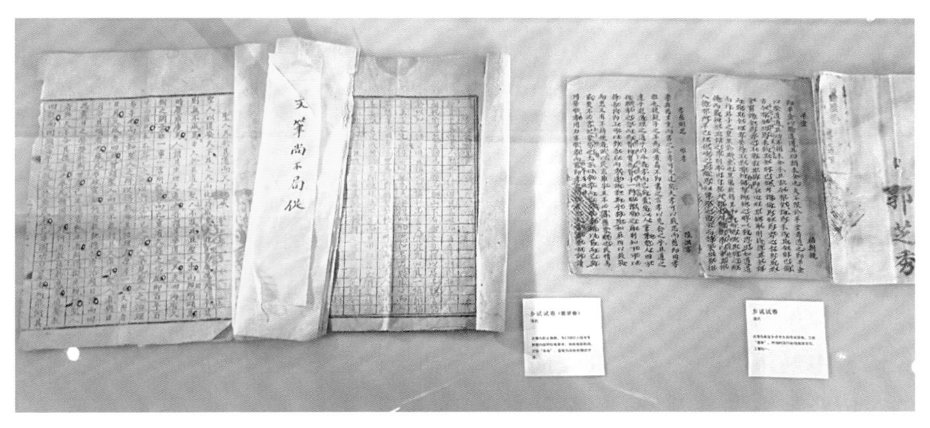

苏州状元博物馆馆藏试卷

以上种种，政府防作弊真是用心良苦了，但即便如此，仍然无法完全杜绝作弊，因为“金榜题名”的诱惑实在是太大了。怎么办？当然就是高压惩罚了。古代对于作弊而被发现的人是如何惩罚的呢？

一是枷号。凡临场枪手、冒籍、顶替、夹带、抄袭、传递、不坐本号者，立即由监考官给他们戴上枷锁，在考棚外示众。二是斥革。生员即秀才，是须经童试考取的功名，一旦违犯考场纪律，生员称号立即被取消，并且规定，该人以下三代都不得参加科考。三是刑责。对舞弊情节严重者，要动用刑罚。冒名顶替、重金雇请、舞弊情节恶劣者，往往被发配充军。

以上惩罚主要是针对考生的。如果是官员参与作弊，那处罚就更严酷，轻则充军戍边，重则砍头，腰斩，甚至灭族。清顺治八年（1651）丁酉科场案最为残酷。那一年，朝廷同时查出多地乡试舞弊，以顺天府、江南两地为最，结果在顺天府乡试案里，有 4 名同考官和 3 名牵连进去的官员被诛杀，并且籍没家产，父兄妻子计 108 人流徙关外的尚阳堡。另有 40 名案犯被判处死刑，最后改为流刑，全家流放尚阳堡。江南乡试案中，2 位主考和 18 位同考官，全部被处死，并且妻子没入为奴。

前事不忘，后事之师啊。

印刷术发展对佛教珍宝的保护

谢勤国

佛教虽然产生于印度，但传入我国后，作为汉传佛教，已成为当今世界佛教中最重要的一支。在安防视域下研究佛教珍宝的保护，对研究佛教的东传及其影响有着重要意义。

一、佛教东传与印刷术对佛经的保护

东汉明帝永平十年（67），奉命西行访求佛法的中郎将蔡愔、秦景在月氏国与东来传法的僧人摄摩腾、竺法兰相遇，双方一拍即合，遂携手东行回到洛阳。西域两僧牵着白马，驮来了释迦牟尼画像与《四十二章经》，明帝将鸿胪寺赐予两僧居住，两僧即在寺中翻译经书，而白马系于门外，故鸿胪寺被称为“白马寺”，两僧在这里开创了汉传佛教的先河。此后，佛（偶像）、法（经典）、僧（职业宗教人员）成为汉传佛教“三宝”。

佛教哲学思想的核心是“经”，大量佛经出于释迦牟尼生前口授，其涅槃后，由阿难背诵，记录成文，留传下来。西域两僧只带来了一部《四十二章经》，就佛学的传播而言是远远不够的。于是，西域僧人又不断地东行携来更多佛经，当然期间也不乏中国信徒西行求取经典的。释道安、僧迦提婆、鸠摩罗什、法显、昙无谶、玄奘等人都为求取经典，以及将其翻译成中文做出了重大贡献。

自唐以后，佛教界将西域传来的佛学经典分成经（传统经典）、律（各种行为规范与成文的清规戒律）、论（对经文的注疏与研究产生的论文）三种“藏”。“藏”的含义是“一切经”。玄奘在当时被称为“三藏法师”，指其通晓各种经典哲学。梁、陈时期，僧诠在栖霞山开讲《中论》《百论》《十二门论》。吉藏在此基础上对三论进行注疏，开创了“三论宗”，传至今日已成为汉传佛教大乘八宗之一。

古时，佛经流传的主要手段是传抄，但在传抄过程中经常会发生错字与缺漏，以致造成困惑或产生歧义，于是，将佛经印刷成书就成为佛经流传的必要手段。

自南北朝以降，中国佛教徒一直在编撰佛经的目录。不同时期的目录、部数、卷数都不同，其原因很多，如编者的局限、流传过程中的灭失等，而大量注疏与论文则是其篇目增加的原因。至唐代，智升编著的《开元释教录》中记录了1 076部、5 048卷的目录。隋唐时期，曾出现过单部经典的雕版印刷品，至今仅有《金刚经》残页留存。

北宋建国后，社会日趋安定，朝廷组织了对佛经的大规模雕版印刷，以《开元释教录》的目录为标准，分经、律、论三藏和贤圣集。开宝四年（971），敕益州刺史张从信雕版一藏，直至太平兴国八年（983）才完成。这一重大文化工程，被后人称为《北宋官版藏》，也称《开宝藏》《蜀藏》，共1 076部、5 048卷。《开宝藏》成书后，历宋代三百余年，期间又陆续雕版多部，如福州东禅寺版有6 334卷、福州开元寺版共6 117卷、湖州安吉资福寺刻计5 918卷。

南宋末期，平江府陈湖碛砂延圣寺于宝庆、绍定年间主持摹刻，得到施主成忠郎赵安国与法印的支持，陆续雕版，到元朝初年收工，共完成1 532部、6 362卷，世称《碛砂藏》。这里的“平江府”即如今的苏州，而“陈湖”，就是甪直镇南的澄湖。

碛砂延圣寺

宋朝的邻国辽国在《开宝藏》影响下，于兴宗重熙（1032—1055）年间始刻，至道宗清宁八年（1062）完成，世称《契丹藏》，后传入高丽，又刻成《高丽藏》。到南宋，金国又在《开宝藏》的基础上刻成《金藏》，又称《赵城藏》，共6 999卷。

二、民国时期印刷版的保存

宋刻各藏大多散佚，《碛砂藏》在民国时期曾收集影印部分出版，《契丹藏》已散失殆尽。1932 年，在山西某地发现部分《碛砂藏》，学者们将其影印出版，又组织有心人继续寻访散在民间的经籍。一位法名范成的和尚也参与其事，他在洪洞县北赵城镇收集到 200 余卷经书，经打听得知均来自本镇广胜寺，于是有心人接踵而来。南京支那内学院蒋唯心闻讯而来，在广胜寺后殿发现了 8 个 2 米多高的暗红色经柜，里边纵向分成 4 行，每行上下有 7 篋，每篋又有 4 格。经书就藏于木格之中。

这部经书来历不凡，它是金章宗明昌年间（1190—1196）赵城民女崔法珍，自断左臂募化数十年筹措资金，雕版时采用宋《开宝藏》经卷，打开粘贴于梓板上（反贴），然后刻版印刷的，所以，成书以后保存了《开宝藏》的原貌，每版 23 行，每行 14 字。由于广胜寺僧人不知其珍贵，附近乡民出于迷信，往往在庙会、佛事期间窃走一两卷带回家压邪厌胜，或烧灰治病，以至流落市中。1949 年，北京琉璃厂尚有人觅到此类经卷。今藏北京国家图书馆的《赵城金藏》中有 192 卷就来自琉璃厂。此藏的发现也带来了麻烦，1937 年南京国民政府指示李默庵来广胜寺，要求把经藏移交政府保管，但住持力空和尚表示“经藏应归赵城县全县人民所有”而予以拒绝。抗战时期，日寇占领赵城，听说消息后在 1942 年春要求到广胜寺“观光”。为保护经书，力空和尚向中共赵城县委求救，抗日政府立即派出部队来到广胜寺，将数千卷经书装进麻袋，肩挑人扛转移出寺。后日军大扫荡，为保护经卷，八路军战士伤亡达数十人。晋察冀边区司令员聂荣臻指示：一定要想尽办法保护经书，后终于将经书藏在了绵上县一座废弃的煤窑里。抗战胜利后，为防国民党觊觎，经书又被转移到了河北涉县的一座天主教堂里。

三、新中国成立后的保护措施

1949 年 4 月，经书被送到北京，由于水浸、虫蛀和霉变，打开后发现已经面目全非。为了修复经卷，国家图书馆用每月 200 多斤小米的工资，高薪聘请了 8 位修书师傅来解决难题。第一关就是要揭开经卷，由于潮湿与霉变，当时经卷已粘成纸棍，根本揭不开了。于是，师傅们把经卷放进笼屉，用高温火蒸。被蒸的经卷都用布包裹，以防再次受浸。几十分钟后，经卷变软，再取出用针慢慢挑开，如此反复，直至经卷全部打开。打开后的经卷用传统工艺进行装裱，前后共花了 17 年时间。在所有经卷中，今藏国家图书馆的《赵城金藏》共计 4 813 件，另外一部分则藏于国内一些图书馆或在海外藏家手里。苏州佛教档案馆藏有一卷，是抗战爆发前，范成担任苏州结草庵住持时带来的。结草庵在中华人民共和国成立以后被 100 医院使用，寺屋已全废，尚存一座七孔石板平桥，现为苏州市控保建筑。

结草庵桥

《赵城金藏》与《永乐大典》《敦煌遗书》《四库全书》一起被列为国家图书馆四大镇馆之宝，藏在地下二层藏书库的楠木书柜中，室温常年保持在 20 摄氏度。改革开放后，中华书局编印了《中华大藏经》，计 20 000卷，《赵城金藏》已被全数收录。

寺庙建筑对佛教珍宝的保护

谢勤国

佛教藏经是佛家哲学思想从开创、传承到不断发展的载体，是信徒学佛过程中不可或缺的精神支柱。佛是什么？最早的解释就是该教的创始人，即佛陀。佛陀涅槃后经过荼毗（火化），骨灰中的半透明体结晶，即“舍利（子）”，一向被信徒视为至高无上的佛教珍宝。

一、舍利与宝塔

有了最高等级的佛宝，就有如何保存与供奉的具体问题。在印度，佛教徒把细小的舍利子放进瓶子里，瓶子外面则用多重的函、盒、塔、幢等保护，再把它放置在一座多层的建筑里，这种建筑在梵文里叫做“窣（sū）堵坡”或“布达”，而“布达”的译音就是“塔”。鉴于所藏舍利是至宝，故名“宝塔”。

公元前3世纪，印度孔雀王朝的阿育王（约前273—前232）立佛教为国教，为弘扬佛法，将释迦牟尼的舍利分赠世界各地建塔供奉。我国《魏书·释老志》记载，佛涅槃后，阿育王以神力分佛舍利，役使鬼神，造立84 000塔分布于整个世界。据说，我国多地皆有阿育王塔故址可寻。佛书《法苑珠林》更是列出了塔名和具体地址：东晋会稽鄮（mào）县塔、东晋金陵长干塔、石赵青州东城塔、姚秦河东蒲坂塔、周岐州岐山南塔、周瓜州城东古塔、周沙州城内大乘寺塔、周洛州故都西塔、周凉州姑臧故塔、周甘州删丹县故塔、周晋州霍山南塔、齐代州城东古塔、隋益州福感寺塔、隋怀州妙乐寺塔、隋并州净明寺塔、隋并州榆社县塔、隋魏州临黄县塔，共计17处。

佛教传入我国后，发展十分迅速，信徒日益增多，建造了大量寺塔。

唐代杜牧有诗云“南朝四百八十寺”。一时间，僧人自称“佛子”，有德行、造诣、名声的高僧大德荼毗后也叫“舍利”，均建塔供奉。如唐代玄奘法师的舍利现藏于南京灵谷寺。

南京灵谷寺的玄奘院

舍利的滥觞满足了建塔的需求，但舍利的保存空间必须坚固而秘密，以免觊觎者盗窃。这个空间在北方地势高、土层厚、地下水位低的条件下往往设置于宝塔的基础中间，名之“地宫”。而南方由于地势低平、气候潮湿、地下水位高等因素，一般设置在塔的层间空隙中，称作“天宫”；也有例外，如杭州雷峰塔就建有地宫。伴随舍利一起入“宫”的供品有手抄佛经、各种法器和奇珍异宝等。

二、云岩寺塔中的珍宝

清末民初，苏州有俗语称古城“七塔八幢九馒头”。其中，虎丘的云岩寺塔名声最著。该塔兴建于五代末期，经云岩寺僧人募化、四乡八处善信资助，并得到了吴越国割据势力的统治者钱氏家族的支持，于北宋建隆二年（961）竣工，矗立于虎丘山巅。

虎丘山巅表层全为土质，环山河道的开凿时间与白居易开凿山塘河同时（825）。其对岸不见土方堆积，推测开河时土方均堆积于山体之上了。由于塔基土层覆盖于山体斜面上，造成土层南薄北厚，在塔自身重力作用下，产生了不同程度的沉降，塔体逐渐向西北方向倾斜。这种倾斜在宝塔修建过程中已被发觉，故从塔身第五层开始塔壁西北侧砖层多于东南侧2~3排，以此缓解视觉上的倾斜。明代崇祯年间修葺时，第七层被拆除重建，以强行纠偏。现在塔的外观可以明显看出在第七层与第六层以下有个折角。

云岩寺塔建成后，曾遭受过多次火灾，也多次被修复。其最后一次火

虎丘云岩寺塔

灾发生在1860年，当时李秀成率太平军攻占苏州，一场大火把苏州城西的金阊门、银胥门、上塘街至枫桥，以及山塘街至虎丘的大片地区烧成了废墟。大火以后，塔身木结构部分全部被烧毁，刹柱倒塌，塔身仅剩砖体。火灾后近一个世纪未曾修葺，到20世纪50年代，该塔已岌岌可危，塔身一侧有一道贯穿上下的裂缝，第五层西北侧有一方砖壁整体倒塌，组织抢修势在必行。

1957年3月中旬，苏州市建筑公司进驻现场开始抢修，方案采用王国昌工程师提出的围箍灌浆法。3月30日下午，在第二层西门口边沿灌浆时，发现缝隙总是灌不满，现场工人遂将第二层地面方砖撬开，发现砖层下面有一条十字形空衖（xiàng），南北长1 004厘米，东西长1 140厘米，宽68厘米，高73厘米。工人王菊生钻进衖道，发现了一具石函与多种文物。函内装有鎏金镂花银质包边楠木经箱一具，合口处有铜制爆仗锁（未锁），箱内有磁青纸手抄《妙法莲华经》七卷，各卷外都有数层丝织经袱包裹，各有题名。另有白绵纸“供养人题名”一卷。箱面有一钱囊已朽，撒钱约3.5千克，有开元通宝、乾元重宝、唐国通宝、大唐通宝、永安五铢、太货六铢、半两五铢等名式，以开元通宝、乾元通宝最多。石函外有灰陶碗形香炉一只，插有残香和檀香木。另有青瓷碗两只。

5月5日，在第三层作业时，又发现地面下70厘米处有一方形木盖，下面是一个四方窟，边长65厘米，深73厘米。其中出土了石函、铁函、绢袱、金涂塔（内有金舍利瓶，内装一颗舍利）、小木塔、小玉幢、越窑青瓷莲花碗、铜佛像四件、铁制佛龛、檀木宝相、铜镜四面、钱币 10 千克，以及铜杯、铜座等一系列文物。其中舍利应是宝塔中供奉的主要佛宝。

6 月 16 日，又在第四层中央地面下 104 厘米处发现了十字形洞窟，深 50 厘米，以乱砖填塞，清理出木质泥刀三把，有使用过的痕迹。第五层乱砖堆里又发现了无头石佛像三尊和残缺造像石龛一个，刻有“李太缘为自身造像一躯”字样。

所有出土文物中最珍贵的是金瓶舍利、金涂塔盖，绢襆上有“□□惠朗舍此襆子一枚裹迦叶如来真身舍利宝塔”字样，证实了那一颗小如米粒的舍利属于迦叶，来自印度。经苏州市政府批准，文管会将金瓶舍利移交给驻西园寺的苏州市佛教协会。7 月 26 日，西园寺举行了隆重的接送仪式和迦叶如来真身入塔瞻礼纪念会。7 月 27 日，苏州佛教界在虎丘塔下举行了装藏仪式，礼送真身舍利再次入藏，苏州市佛教协会将一部《频伽藏》伴随入藏于塔内天宫。此外，还有 100 余尊信徒捐赠的铜、瓷佛像和一座檀香木雕宝塔。

1959 年，塔内出土文物在忠王府展出，后被苏州博物馆收藏。

三、意外发现的秘色瓷

在上述出土文物中，文物专家最感兴趣的是越窑青瓷莲花碗。它由上碗下托两件瓷器组合而成，碗高 8. 9 厘米，口径 13. 9 厘米；托高 6. 6 厘米，口径 14. 9 厘米，底径 9. 3 厘米；上下相叠通高 13. 5 厘米。碗壁与托面皆为重瓣莲花，釉色捩（liè）翠融青，温润如玉。专家们认定，此碗产于越窑，以其表色定名“青瓷”。那么，它是不是秘色瓷呢？

秘色瓷的称谓盛于唐末与北宋。陆龟蒙《秘色越器》诗云：“九秋风露越窑开，夺得千峰翠色来。好向中宵盛沆瀣，共嵇中散斗遗杯。”

这是最早关于秘色瓷的文字描述。《中国陶瓷史》认为，“据宋人解释是因为吴越国钱氏割据政权命令越窑烧造供奉之器，庶民不能使用，故称‘秘色瓷’”。然而，并没有实物或照片可以佐证什么是“秘色瓷”，这种瓷器遂勾起了大批研究者的兴趣。

1981 年 8 月 24 日，陕西扶风法门寺的十三级真身宝塔轰然崩裂倾塌，这座宝塔就是《法苑珠林》所载藏有释迦牟尼真身舍利的“周岐州岐山南塔”。世界佛教界对此深表关注，表达了重建宝塔的愿望。

1985年国家文物局做出了重建宝塔的决定。1987年2月，陕西省组成省、市、县三级文物保护部门联合考古队进驻法门寺。4月3日，考古队在废墟下发现了地宫入口。4月9日上午，先由法门寺住持澄观率寺内僧人举行了宗教仪式。接着，宝鸡市文物局文物科科长任周芳开启了被铜锁封闭的地宫大门。甬道内两通石碑，一方是题头凿刻，上书“大唐咸通启送岐阳真人志文”12个大字，另一方是地宫藏宝的“物账碑”。

陕西法门寺

地宫内共清理出各类文物600余件，其中最为重要的是释迦牟尼真身灵骨指骨舍利一枚，影骨舍利三枚。另一个重大发现就是“物账碑”上记录有：“真身到内后，相次赐到……瓷秘色碗七口，内二口银棱，瓷秘色盘子碟子共六枚。”在清理地宫过程中，这些秘色瓷器皿齐全，与记录吻合。千古谜团解开了，秘色瓷有了实样。

消息传来，苏州博物馆的专家十分激动，原来馆藏多年的青瓷莲花碗就是秘色瓷！1995年，在上海博物馆举办的“越窑秘色瓷国际学术讨论会”上，此碗得到了与会专家、学者的一致认可与赞誉，评价其为秘色瓷的绝品。这件珍品被登记为国家一级文物，成为苏州博物馆的镇馆之宝。

古人安防意识的多维体现

王家伦

每当我们畅游古城时，常常会在古城墙边流连，那些城墙充满历史沧桑，也蕴含了古人的安防意识。

一、责任与智慧

早先，南京人可以掰着手指为你数出“里十三、外十八”的多座城门。但是，南京古城门背后的故事鲜有人知了。

南京有座城门被称为“中国最诡异的城门”，它就是中华门。中华门坐落在南京秦淮区，是我国古代明城墙十三座内城门之一，现存规模最大的城门，也是世界上保存最完好、结构最复杂的堡垒瓮城，被誉为“天下第一瓮城”。它也称“聚宝门”，1931 年改名为“中华门”。

中华门（吴世明摄）

说起“聚宝门”，还有一个十分有趣的传说，这个传说的主人公，就是江南首富沈万三。当年，朱元璋在南京修建南门，但始终建不好，总是塌陷。正值愁眉不展时，军师刘伯温献计，说沈万三有个无所不能的聚宝盆，只要把聚宝盆埋在南门下，就可确保南门安然无恙。于是，朱元璋找来沈万三，把他的聚宝盆连夜埋在了南门下，果然，南门就此屹立不倒了。

“聚宝盆”的故事只是传说。其实，当年修建中华门，朱元璋非常严格。他对工程实行责任追查制，建造城门的每一块砖，除了要刻上修建者的名字外，还要留监工官员的名字。一旦发现质量问题，两人都要受到处罚。由此可见，当时的安防不仅落在观念上，还落实在行动上。所谓“聚宝盆”，正是用工者与施工者的责任与担当。

二、渴望与崇敬

古代的城墙不仅有着护佑一方平安的实用功能，而且还有着渴望人和、崇敬牺牲者的审美功能。城墙屹立不倒，带给百姓的是安全，也是一种信仰。当城墙凝聚着圣人先哲的高尚品格和大无畏精神时，走在城墙下的百姓就踏实安心，心生佩服。

相王庙

相王庙是苏州古城区留存至今唯一的与苏州古城一样历史久远的古庙。相王庙供奉的“相王老爷”名为桑湛璧，是吴王阖闾手下一位骁勇的将军。

公元前514年，阖闾命大臣伍子胥“相土尝水，象天法地”，选址建造了一座气势恢宏的苏州城，时称“阖闾城”。此城周长24千米，历经2 500余年沧桑岁月，城址至今不变。

当年建造苏州城时，曾遇到汹涌的暗流和漩涡，以致东南角的城墙造好即坍塌，工程一再受阻。有人认为，这是水中的蛟龙在作怪。当时，人们采取了许多镇妖降怪的方法，但都不能奏效，于是，桑将军亲自出马，驾驶一条装满充填之物的木船，无畏地驶向漩涡中心。瞬间，桑将军和木船被吸入了水底。缺口堵住了，水面渐渐恢复了平静，城墙顺利筑成。然而，桑将军却牺牲了。吴人被桑将军伟大的献身精神和英勇壮举所感动，自发地在苏州城的东南部修筑了供奉他塑像的庙宇，以纪念这位为修筑东南城墙而献身的英雄。这座庙宇如今就在十全街与相王弄交界处的振华学校西侧。每逢农历初一和十五，以及桑将军的生日和忌日，四方八乡的百姓都会风雨无阻地前来烧香祭祀，祈求桑将军为他们消灾弥祸。到了唐朝，这一祭祀活动被地方行政长官奏报到朝廷，皇帝遂正式敕封桑将军为相王神，让他护佑吴民安康富足。从此，祭祀桑将军的场所被正式封为“赤阑相王庙”，庙内供奉的神像除了相王神外，还有其妻与子。相王庙前的桥和路因庙得名，被称为“相王桥”“相王弄”。

如今，桑将军已无从考证，然而，古人对英雄的崇敬却永存。

三、悲伤与反思

在古代，城墙是抵御外敌的必要手段，是重要的安防工程。这样的安防工程大多是老百姓出力修筑的，其过程无比艰辛。

说到修城墙，不由得使人想起秦始皇筑万里长城时的一则故事。最为著名的案例就是“孟姜女哭长城”。孟姜女与丈夫范喜良新婚不久，正值如胶似漆之际，范喜良就被征召去修筑长城了。独守空房的孟姜女久久得不到丈夫的消息，万分担心，于是独自踏上了漫漫寻夫之路。她风餐露宿，翻山越岭，终于赶到了丈夫所在之地，却被告知丈夫已经劳累至死。这一消息无异于晴天霹雳，遭到重大打击的孟姜女拍着长城，放声大哭，号啕不止。她只哭得成千上万的民工个个低头掉泪；只哭得日月无光，天昏地暗；只哭得阴风怒号，海水扬波。忽然，“哗啦啦”一声巨响，长城像天崩地裂似的倒塌了一大段，露出了一堆堆白骨。那么多的白骨，哪一个是自己的丈夫呢？她忽地记起了小时候听母亲讲过的故事：亲人的骨头

《孟姜女哭长城》

能渗进亲人的鲜血。于是，她咬破中指，滴血认尸，终于认出了丈夫的尸骨。孟姜女守着丈夫的尸骨，哭得死去活来。

孟姜女哭倒长城的故事是虚构的，然而，其中蕴含的道理却令人深思：长城修筑乃是民生大计，可劳民伤财如此，怎能不叫人反思！万里长城下埋着累累白骨，背后藏着的是千万人民的心酸血泪……

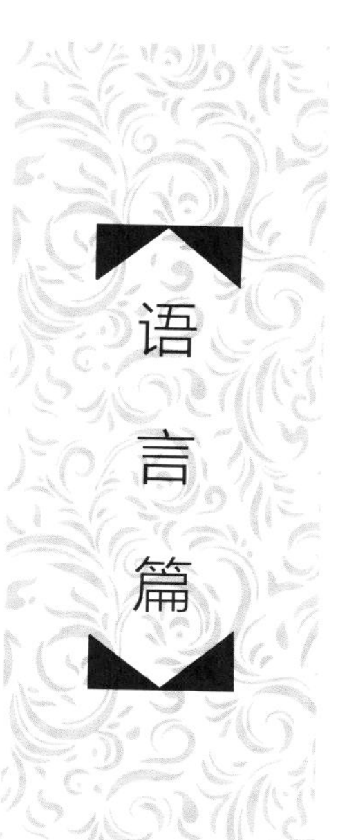
语
言
篇

“安防”名称溯源

王建军

众所周知，“安防”是“安全防范”一语的简称或缩略词。所谓安全，就是没有危险、不受侵害、不出事故；所谓防范，就是提防加戒备。归结起来，安全防范就是指做好准备或采取措施来应对外来攻击，从而使被保护对象处于没有危险、不受侵害、不出事故的安全状态。“安全防范”尽管是一个现代语汇，但相关的理念和说法是古已有之。

一、“安全”之由来

毋庸置疑，安全是人类的本能之一。中国人一向以安心、安身为基本人生观。现代意义上的“安全”概念主要是借助“安”字来加以表达。例如：

> 是故君子安而不忘危，存而不忘亡，治而不忘礼，是以身安而国家可保也。（《易·系辞下》）
>
> 今国已定，而社稷已安矣，何不使使者谢于楚王？（《战国策·齐策六》）
>
> 夫以天子之位，乘今之时，因天之助，尚惮以危为安，以乱为治，假设陛下居齐恒之处，将不合诸侯而匡天下乎？（汉·贾谊《治安策》）

“安”是个会意字，从“女”在“宀（房屋）”下。农耕时代，女子已不再出外采集，而是采桑养蚕、织布断锦、相夫教子，足不出户，这样就减少了抛头露面的机会，也避免了来自外界的伤害，所以“女居家则安”。“安”的反义词是“危”，两者从一开始就是相因、相伴的关系，由此催生了不少成语，如转危为安、安不忘危、安危与共、安危相易、居安思危、知安忘危、去危就安等。由此可见，中国人是以居安思危的态度来实现平安、保证平安的。久而久之，“安危”就成了一个特定的高频词汇。例如：

君之所以尊卑，国之所以安危者，莫要于兵。（《管子·参患》）

安危相易，祸福相生，缓解相摩，聚散以成。此名实之可纪，精微之可志也。（《庄子·则阳》）

此二体者，安危之明要也，贤主所留意而深察也。（《史记·平津侯主父列传》）

盖民情风教，国家安危之本也。（晋·干宝《晋纪总论》）

人间文武能双捷，天下安危待一论。布惠宣威大夫事，不妨诗思许琴尊。（唐·杨巨源《重送胡大夫赴振武》）

岂意青天扫云雾，尽呼黄发寄安危。（宋·苏轼《次韵李修孺留别》之一）

李牧曰：“两军对垒，国家安危，悬于一将，虽有君命，吾不敢从！”（明·冯梦龙《东周列国志》）

“全”也是个会意字，从人从王（玉），原指缴纳的玉完整无缺。例如：

玉人之事，天子用全。（《周礼·冬官考工记》）

全，完也。（东汉·许慎《说文》）

“全”后来逐渐引申出了“完美”“完备”“完满”的意思。各举二例如下：

不明其义，君人不全。（《礼记·祭统》）

唯全人能之。（《庄子·庚桑楚》）

法不平，令不全，是亦夺柄失位之道也。（《管子·任法》）

城郭不备全，不可以自守。（《墨子·七患》）

天地无全功，圣人无全能，万物无全用。（《列子·天瑞》）

幸蒙国朝将泰之运，荡平天下，怀集异类，喜得全功。（三国魏·阮瑀《为曹公作书与孙权》）

之后不久，“全”又衍生出动词的语法，表示“使不受损害”“保全”的意思。例如：

苟全性命于乱世，不求闻达于诸侯。（三国·诸葛亮《出师表》）

念与世间辞，千万不复全。（《玉台新咏·古诗为焦仲卿妻作》）

又何吝一躯啖我而全微命乎？（明·马中锡《中山狼传》）

“安全”一词大致成于汉代，开始仅指人身的平安。此用法一直沿用至今。例如：

道里夷易，安全无恙。（汉·焦赣《易林·小畜之无妄》）

昔者有王，有一亲信，于军阵中，殁命救王，使得安全。（《百喻经·愿为王剃须喻》）

平地谁言无险阻，仁人何处不安全。（宋·苏辙《送林子中安厚卿二学士奉使高丽二首》）

向时众比丘圣僧下山，曾将此经在舍卫国赵长者家与他诵了一遍，保他家生者安全，亡者超脱……（明·吴承恩《西游记》）

大约到了宋代，“安全”才用来表示环境的安定或局面的平稳。这种用法后来逐渐成了“安全”最常用的意义。例如：

有在大王之国者，朝廷不戮其家，安全如故。（宋·范仲淹《答赵元昊书》）

空向梦魂期远大，谬於方技觅安全。（宋·胡寅《忆端子三首》）

尽悴使君朝听美，不然海国岂安全。（宋·苏籀《程帅新作止戈堂索诗谨赋三首》）

早使言得行，家门更安全。（宋·吴泳《和赵尚书无辩诗》）

你那铺谋定计枉徒然，我救的这十七国诸侯得安全。（明·无名氏《临潼斗宝》第三折）

另外，“安全”在古代还可用作动词，表示保护、保全的意思。例如：

孤受主上不世之恩，故欲安全长乐公，使尽众赴京师，然后修复国家之业，与秦永为邻好。（《晋书·慕容垂载记》）

隋文帝以陈氏子弟既多，恐京下为过，皆分置诸州县，每岁赐以衣服以安全之。（《南史·陈纪下·后主》）

察孤危之易毁，谅拙直之无他，安全陋躯，畀付善地。（宋·苏轼《徐州谢上表》）

张氏抱子仁玉逃依母氏得免其难，虽脱巨害，向非外祖张温保养安全，其何以有今乎？（清·俞樾《春在堂随笔》卷十）

必须指出，汉语所讲的安全是一种广义上的安全，包括两层含义：其一是指自然属性或准自然属性的安全；其二是指社会人文性的安全，即有明显人为属性的安全。

二、“防范”之由来

安全是目的，防范是手段。只有通过防范的手段，人们才能达到安全的目的。其实，“防范”起初是两个名词，分别指堤坝和模子。

“防”本是个形声字，字从阜从方，方亦声。“方”义为“城邦国家”。“阜”与“方”联合表示城邑的土木工程设施。这种设施一来可以抵御洪水，二来可以抵御外敌入侵。例如：

齐侯御诸平阴，堑防门而守之广里。（《左传·襄公十八年》）

晋代杜预注云：“城南有防，防有门，于门外作堑。”后来，“防”专指堤坝。《说文解字·阜部》：“防，堤也。”例如：

以防止水，以沟荡水。（《周礼·地官·稻人》）
祭防与水庸，事也。（《礼记·郊特牲》）
大者为之堤，小者为之防。（《管子·度地》）
巨防容蝼而漂邑杀人。（《吕氏春秋·慎小》）

“范”的繁体作“範”，也是一个形声字，“車（车）”为形，“巳”为“氾”省声。“范”是指制作简单外形制品时使用的工具，常与“模”配合使用，一般为矩形。“范”决定了制件的形状和大小，后引申为规则、法则的意思。例如：

战国铁斧范铁镰范（河北省博物馆藏）

今夫陶冶者，初埏埴作器，必模范为形，故作之也。（汉·王充《论衡·物势》）

则以一铁范置铁板上，仍密布字印，满铁范为一板……（宋·沈括《梦溪笔谈·活板》）

范金合土，以为台榭宫室牖户。（《礼记·礼运》）

范，法也。范，常也。（《尔雅·释诂》）

吾为之范我驰驱，终日不获一。（《孟子·滕文公下》）

“防”“范”同现，最早出现在汉代，这样就为两者的融合提供了契机。例如：

川有防，器有范。（汉·扬雄《法言·五百》）

晋代李轨注云：“川防禁溢，器范检形，以谕礼教人之防范也。”应该说，此时的“防范”已合二为一，用来比喻约束行为的规则和教条，依旧是个名词。

大约自近代开始，“防范”才用作动词，表示防备、戒备的意思。例如：

御驾亲征，临行时，嘱咐娘娘，用心防范。（明·冯梦龙《古今小说·闹阴司司马貌断狱》）

城中见秦兵退去，防范稍弛，日启门一次，通出入。（明·冯梦龙《东周列国志》）

嗟乎！世祖设是官，本以防权奸胶固、党与盘结之患，使之有所防范，击刺以正国势。（明·叶子奇《草木子·杂制》）

他们打算到这一日，扮做鬼怪，到老爷府里来打劫报仇。老爷须是防范他为妙。（清·吴敬梓《儒林外史》）

由此可见，古代的防范主要是人力防范和实体防范。而当今方兴未艾的技术防范手段则可以说是人力防范和实体防范的一种延伸与加强。

总之，安全防范已从古代的人身安全、财产安全全面提升到了环境安全、社会安全、国家安全、世界安全等层面了。人类发展史和社会进化史昭示我们：人们如果想要拥有真正的安全，除了心灵的净化、理念的更新之外，还必须依赖不断进化的高科技手段。

汉语中蕴含安全意识的成语之一瞥

王建军

安全意识是人们在头脑中建立起来的保护自身安全的观念，与生俱来，属于人类的基本意识之一，与生存意识密切相关。安全意识也是人们在社会活动中对所处外在环境所持有的一种戒备和警觉的心理状态。汉民族自古以来就十分注重安全意识的普及，逐渐形成了一整套理念与措施。这些理念与措施在汉语中也留下了诸多印记。成语作为汉语言的语汇精品和汉文化的重要载体，其中有不少条目都闪烁着前人高超的安全智慧，凝聚了先哲们强烈的安全意识，蕴含着许多可资借鉴的安全观念及富有价值的安全方略，在风险的预防、管控、化解等方面具有现实的指导意义和鲜活的教育价值。在此，我们采撷其中的代表性条目与大家分享。

一、追求理想安全境界的成语

安全不仅是一种珍爱生命的人生态度，更是追求幸福的有力保障。自古以来，安全就是人类的头等大事。历朝历代，圣贤们着力倡导的“大同”社会和“太和”社会都是建立在安全理想的基础之上的。可以说，建立安定太平的“长安”与“无患”时代一直是开明有为的当政者孜孜以求的宏大理想。

1. 长治久安

【释义】形容国家、社会长期安定、太平。也作“久安长治”。

【出处】东汉班固《汉书·贾谊传》：“建久安之势，成长治之业。”

【用例】而其遵遂出于万全，此汉宋之所以久安长治与？（清·汪琬《尧峰文钞·兵论》）

2. 有备无患

【释义】备：准备；患：祸患，灾难。事先有防备，就可以避免祸患。

【出处】先秦·左丘明《左传·襄公十一年》："居安思危，思则有备，有备无患。"

【用例】季斯预戒汶上百姓，修堤盖屋。不三日，果然天降大雨，汶水泛滥，鲁民有备无患。（明·冯梦龙《东周列国志》第七十八回）

二、强调风险防范意识的成语

"风起于青萍之末。"任何灾祸和事故往往都是从微小征候开始的。鉴于人的意识是一切行为的主导，追求安全一定要有超前意识。在经历长期而惨痛的教训后，人们终于悟出了"祸患积于忽微，防范胜于救灾"的深刻道理，充分认识到安全工作只有从小处着手，才能确保万事无虞。

1. 防微杜渐

【释义】微：微小；杜：堵住；渐：指事物的开端。比喻在坏事情、坏思想萌芽的时候就加以制止，不让它发展。

【出处】南朝宋·范晔《后汉书·丁鸿传》："若敕政责躬，杜渐防萌，则凶妖销灭，害除福凑矣。"

【用例】有不尽者，亦宜防微杜渐而禁于未然。（明·宋濂等《元史·张桢传》）

2. 未雨绸缪

【释义】绸缪：紧密缠缚。天还没有下雨，先把门窗绑牢。比喻事先做好准备。

【出处】先秦·尹吉甫采集、孔子编订《诗经·豳风·鸱鸮》："迨天之未阴雨，彻彼桑土，绸缪牖户。"清代朱用纯《治家格言》："宜未雨而绸缪，毋临渴而掘井。"

【用例】那是不关我教习的事，在乎你们自己未雨绸缪的。（清·无名氏《官场维新记》）

3. 防患未然

【释义】患：灾祸；未然：没有这样，指尚未形成。防止事故或祸害于尚未发生之前。亦作"防患于未然"。

【出处】西周·姬昌《周易·既济》："君子以思患而豫防之。"宋·郭茂倩《乐府诗集·君子行》："君子防未然，不处嫌疑间。"

【用例】乞敕内外守备各巡抚加意整饬，防患未然。（清·张廷玉等《明史·于谦传》）

4. 曲突徙薪

【释义】曲：形做动，使……弯曲；突：烟囱；徙：迁移；薪：柴火。把烟囱改建成弯的，把灶旁的柴草搬走。比喻消除可能导致事故发生的因素，防患于未然。

【出处】《汉书·霍光传》：“臣闻客有过主人者，见其灶直突，傍有积薪。客谓主人：‘更为曲突，远徙其薪；不者，则有火患。’主人嘿然不应。俄而家果失火，邻里共救之，幸而得息。”

【用例】夫救焚者，销之于曲突徙薪之时者易为力。（宋·无名氏《新编五代史平话·唐史·卷上》）

三、倡导危机忧患意识的成语

世界总体是不太平的，所谓“天有不测风云，人有旦夕祸福”。孔子云：“凡事预则立，不预则废。”人们即使处在平安的环境里，也要时刻想到危险来袭的可能，并做好相应的准备。人生的哲理还告诉我们，安和危、福和祸之间不是相互隔绝、互不相干的，而是对立统一、相辅相成的，可以在一定条件下互相转化。

1. 居安思危

【释义】居：处于；思：想。虽然处在平安的环境里，也想到有出现危险的可能。指随时有应对意外事件的思想准备。

【出处】先秦·左丘明《左传·襄公十一年》：“居安思危，思则有备，有备无患。”

【用例】得宠思辱，居安思危。（清·钱彩《说岳全传》）

2. 祸福相倚

【释义】指祸与福相因而生。

【出处】先秦·李耳《老子》第五十八章：“祸兮，福所倚；福兮，祸所伏。”

【用例】欢娱未几，被闲愁，无端侵入双眉，要起沉疴，须分宠爱，难禁祸福相倚。（清·李渔《凰求凤·堕计》）

3. 人无远虑，必有近忧

【释义】虑：考虑；忧：忧愁。人没有长远的考虑，一定会出现眼前的忧患。表示看事做事应该有远大的眼光、周密的考虑。

【出处】先秦·孔丘《论语·卫灵公》："子曰'人无远虑，必有近忧'。"

【用例】人无远虑，必有近忧，如今已经三月下旬了，转眼"五荒六月"，家家要应付眼前。（高阳《胡雪岩全传·红顶商人》）

四、体现安全反思意识的成语

"社会安全"与"人的安全"是安全工作不可或缺的两个方面。由于各种自然和人为的因素，社会和个人其实很难真正实现彻底或绝对的安全的。灾难和事故没有"完全的意外"，这就需要人们从错误中汲取教训并找出对策，还要建立预警机制，防止、杜绝同类事故的发生。

1. 亡羊补牢

亡羊补牢（杨筠石绘）

【释义】亡：逃亡，丢失；牢：关牲口的圈。羊逃跑了再去修补羊圈，还不算晚。比喻出了问题以后想办法补救，可以防止继续遭受损失。

【出处】西汉·刘向《战国策·楚策四》："见兔而顾犬，未为晚也；亡羊而补牢，未为迟也。"

【用例】张学良始则失地，今幸固守锦州，亡羊补牢，可称晚悟。（章炳麟《与孙思昉论时事书》二）

2. 吃一堑，长一智

【释义】堑：壕沟，比喻困难、挫折；智：智慧，见识。栽倒沟里一次，就能增长一分才智。比喻人经过失败后，会获得经验教训。

【出处】明·王阳明《与薛尚谦书》："经一蹶者，长一智。今日之失，未必不为后日之得。"

【用例】所谓"失败者成功之母"，"吃一堑，长一智"，就是这个道理。（毛泽东《实践论》）

五、立足安全警示教育的成语

对有可能发生的危险进行告诫或警惕，并加以指出，使人明了，这就是警示。所谓警示教育，就是用人们身边熟悉的自然和社会现象对大众进行说服教育，使后来者能注意吸取前人的经验教训，避免重蹈覆辙。

1. 千里之堤，溃于蚁穴

【释义】堤：堤坝；溃：崩溃；蚁穴：蚂蚁洞。一个小小的蚂蚁洞，可以使千里长堤溃决。比喻小事故不及时加以解决的话，就有可能酿成无法弥补的大祸。

千里之堤毁于蚁穴（杨筠石绘）

【出处】先秦·韩非《韩非子·喻老》："千丈之堤，以蝼蚁之穴溃；百尺之室，以突隙之烟焚。"

【用例】"千里之堤，溃于蚁穴"。一个人腐败堕落，往往是从贪占"小便宜"开始的。（习近平《在河南省兰考县委常委扩大会议上的讲话》）

2. 前车之鉴

【释义】鉴：铜镜，引申为教训，前面翻车的教训。比喻把前人或以前的失败作为借鉴。亦可省作"前鉴""前车"。

【出处】西汉·刘向《说苑·善说》："前车覆，后车戒。"

【用例】前车之鉴，请自三思。（清·陈忱《水浒后传》）

不过，面对复杂多变、形式多样的灾难和事故，仅以只言片语来加以应付显然是不够的。正如明代政治家张居正所言："盖天下之事，不难于立法，而难于法之必行；不难于听言，而难于言之必效。"人们只有将这些成语所演绎的安全意识内化于心、外化为行，才能实现安全、保障安全，才能在社会活动和人生旅程中立于安全之地。

江湖黑话与语言安防琐议

王建军

黑话，又称切口、市语、春点、寸点、唇点，是特定的社会团体或行业部门秘密使用的一种隐语，属于全民语言的一种语汇变体。黑话尽管在一定时空范围内扭曲了语言的正常表达方式，但仍需遵从语言的基本语音规则和语法规则，因此并不会对语言系统造成冲击或破坏。

一、江湖黑话产生的原因

作为大众语言的另类表达形式，黑话往往是因某种特殊的交际需求而产生，其形成大致出于以下四个方面的原因：

一是出于特定的禁忌与避讳心理。如旧时船民讳说“阻”“住”“翻”“沉”等语，而以“筷”代替“箸”，以“篷”代替“帆”，以“添”代替“盛饭”。此类市井隐语，本身无意屏蔽外界，久而久之即为大众所熟知。

二是出于行业习俗和职场传统。三百六十行，行行都有自己的一套专业用语。比如，苏州面馆里经常听到宽汤和紧汤、重青和免青、干挑和过桥、红两鲜和白两鲜、免浇和双浇之类的叫法。这些称呼，往往会把初来乍到的外地人弄得一头雾水。此类行业隐语，同样不具有屏蔽外界的特点，允许为他人所共享。

三是出于大众的娱乐需要。像民间盛行的谜语，就是一种以暗射事物或文字的方式来引发他人猜测的隐语，旨在测试人们的生活知识面和应急反应能力。比如，“大姐树上叫，二姐吓一跳，三姐拿砍刀，四姐点灯照”这条谜语主要是考查人们对四种昆虫（蝉、蚂蚱、螳螂、萤火虫）的知晓情况。此类游戏隐语，虽有遮掩性，但没有屏蔽性。

四是出于回避防范的目的。比如，旧时保镖业因其所从事的业务性质特殊，其用语不仅十分隐秘，而且非常系统，衣、食、住、行几乎无所不包。如将镖行称为“瓜行”或“唱戏的”，将“镖旗”称为“眼”，将“一个人”称为“流丁”，将“门半掩半开”称为“夜扇马散”，将“护院人”称为“镇山虎”，将“心眼多”称为“全海”，将“火药”称为“夫子”，将“有钱”称为“海拉”，等等。此类江湖隐语，具有极强的屏蔽性。除了道中人，一般人根本无从知晓。

《隐语、行话、黑话》

应该说，每种语言都有特定的系统和特定的受众，都受制于特定的交际情境。就宽泛意义而言，黑话无所不在。甚至一个人讲话隐晦或含蓄一点，也有可能被视为讲黑话。具有影射作用的文章或文学作品，也经常被人划入黑话的行列。正因为如此，意大利学者吉奥乔·阿甘本在《无目的的手段》（又名《语言与人民》）一书中提出：“所有语言都是切口和黑话。”实际上，大众语言中有不少词语就是由原先的黑话蜕变而来的，如“泡妞”“下海”“撕票”“踩点”“挂彩”“结梁子”等。黑话种类繁多、手法独特、喻义生动，往往散发出一股独特的语言魅力。

二、江湖黑话的鲜明特点

在大众眼中，只有所谓的江湖黑话才是正宗的黑话。与其他三类黑话相比，江湖黑话具有以下几个鲜明的特点：

第一，隐秘性。为了掩饰自身行为的非法性，许多黑社会组织都创作了复杂的切口体系。所谓切口，就是一种用反切注音法（即将两个字的读音拼成一个读音）所创造的黑话。例如，旧时北京方言中把“一”说成“也基”和“有”说成“爷九”，旧时吴方言中把“一”说成“郁结”和“二”说成“虐基”之类。再如，用“流月汪则中，神心张爱足”来指代数字“一二三四五，六七八九十”，也是出于保密的需要。

第二，帮派性。帮派不同，黑话自然各异。在旧时青帮黑话中，“强盗”称为“扑风”，“抢”称为“爬”，“偷”称为“寻”，“贩私盐”称为“走沙子”，“贩女人”称为“开条子”，“杀人”称为“劈党”。在现今贩毒集团的黑话中，“农夫”指种植大麻的人，“飞行员”指吸食大麻的人，“机长”指出售大麻的毒贩，“蓝精灵”“甩头丸”“快乐丸”“迪士高饼干”等均指摇头丸。

第三，地域性。黑话往往借助特定方言而生成，具有强烈的地域色彩。像佛爷（窃贼）、胡子（土匪）、挂注（入伙）、主刀（主要作案者）等大致为东北、津、京一带犯罪团伙的黑话，而米米（钱）、骑马（偷自行车和摩托车）、模子（被盯上的受害对象）、方子（钱包），则多在我国南方地区流传。清末曾有个《江湖备用切口》的手抄本，其中收录的就是当时安徽徽州、浙江淳安一带江湖术士使用的隐语。另外，我国港台地区与大陆地区的黑话也明显不在同一个体系。

《江湖内幕黑话考》

三、理性看待江湖黑话

江湖黑帮总体上与社会作对、与人民为敌，从事的都是一些高风险的非法营生，所以，他们必然将自身的安全置于首位。在技术手段匮乏的年代，黑话堪称经济实用的安防措施。对黑社会组织和个人而言，黑话在安全防范方面的作用是不言而喻的：一来可以维护行业的安全，防止组织被外人渗透或颠覆；二来可以保护个人的安全，防止暴露身份，避免受到法律制裁。

对执法机关和守法公民而言，适当了解黑话也有一定的功效：一是有利于开展打击犯罪的工作，二是有利于化解个人的风险和危机。例如，了解毒品黑话有利于识别身边的涉毒人员，进而远离毒品和毒品犯罪。执法人员往往可以据此发现涉毒违法线索。又如，扒窃团伙在作案时经常利用黑话进行交流掩护，人们一旦知悉，就可以提高警惕、加强戒备。

近年来，随着互联网经济的崛起，黑产圈也开始肆虐。与传统犯罪相比，黑产圈作案行为高深莫测，更具有隐蔽性和危害性。黑产圈主要通过各种网络技术手段破坏互联网的安全，最终达到非法敛财的目的。近几年被公安部门破获的越来越多的黑产事件，无不在提醒人们要时刻加强对网络安全的防范意识。因此，及时了解一些黑产圈里的黑话（如薅羊毛、黑卡、猫池）对做好个人和企业的业务防范就很有必要。

科技在发展，社会在进步，黑话也在与时俱进。“拖库”和“撞库”就是网络安全领域新兴的两个黑话词语。所谓拖库，是指黑客入侵有价值的网络站点，盗走用户资料数据库的行为。被拖库的网站一般是小网站，这些网站的后台服务器常常存在漏洞，安全措施也不到位，很容易遭受黑客入侵。黑客通过拖库得到小网站的用户名和密码后，就会使用这些用户名和密码去尝试登录一些大网站。如果碰巧试出了用户在大网站注册的用户名和密码，就会造成大网站的用户信息泄露。由于这种攻击方式像撞大运一样，因此被称为“撞库”。

综上，语言社会要理性地看待黑话，绝不能因为其黑就厌恶或嫌弃，相反，我们应该妥善地加以利用。须知，作为全民语言的有机组成部分，黑话的地位不容置疑。

中国古代军事安防黑科技——阴符阴书

张玉洁

在信息安全被高度重视的今天，安防行业随着社会安全需求的增加应运而生，并在极短的时间内遍及教育、军事、文博等领域。追本溯源，早在三千年前，聪慧的古人在战争中，为保证军队和将士安全，就已经开始巧妙地在通讯联络方法上使用密码暗号了。阴符和阴书是中国古代最早的军事密码，也是中国古代安防技术在军事领域的应用。

一、密码“应运而生”

或许是因为古老的中国战火纷飞，战争不断，因此军事安防在中国古代战争中的作用不言而喻。由于情报通讯是在战争中极为关键的一个环节，因而，军事专家们想方设法增强军事通信的安全性和保密性，加密与破译之战，就成为贯穿在每次战争中的隐秘战线。

作为文明古国，中国是世界上最早在战争中使用密码通信的国家之一，由于早期的情报是以书面公文的方式传递的，即使使用蜡丸或口头传递等方式，一旦信使被敌人俘获，就有泄密的可能。因此，寻求一种只有极少数人明白而又更安全的通信方式，就成了古代军事家们思考的重点。《太公六韬》是中国古代军事思想精华的集中体现，书中所记载的阴符和阴书被认为是中国古代最早的军事密码。阴符和阴书中的“阴”指机密；“符”指符号，也有编码的意思；而古文中的“书”指的是信件或文件；因此阴符和阴书的字面意思就是机密的符号或文件。

二、阴符“粉墨登场”

据古书《太公六韬》记载，阴符是3 000年前由姜子牙发明的，后被广泛运用于我国古代维护国家安全的军事活动和情报活动中。相传商纣王末年，姜太公听说周国政治清明、社会稳定，而周王姬昌也正在为治国兴邦广揽人才，于是就下定决心离开商朝，不辞劳苦地来到了周国的领地渭水之滨。他终日以钓鱼为生，其实是在观察世态的变化，寻找大展宏图的机会。据说，姜太公钓鱼用的是直钩，鱼当然钓不上来，所以有“姜太公钓鱼，愿者上钩”的说法。姬昌死后，姬发继位，重用姜太公为军师，让其辅佐周国。

姜太公钓鱼（马镇衍绘）

一次，姜太公带领的周军指挥大营被叛兵包围了，情况十分危急，姜太公令信使突围，回朝搬兵。他担心信使遗忘机密，又怕周文王不认识信使，耽误军务大事，就将自己珍爱的鱼竿折成数节，每节长短不一，各代表一件军事机密，令信使牢牢记住，不得外传。信使几经周折回到朝中，周文王令左右将几节鱼竿合在一起，亲自检验，一下子就辨认了出来，于是亲率大军到事发地点，终于解了姜太公之危。事后，姜太公拿着那几节使他化险为夷、转危为安的鱼竿，妙思如泉涌。他将鱼竿传信的办法加以改进，便发明了“阴符”。

《太公六韬》中《阴符》这篇文章对于阴符的作用、八种阴符的不同形制和内容，以及使用阴符时的注意事项做了详细的记载。关于阴符的作用文章中这样说道：“引兵深入诸侯之地，三军卒有缓急，或利或害，吾将以近通远，从中应外，以给三军之用。”阴符所起的作用就是当军队深入诸侯国境内作战时，如果遇到了紧迫的情况，君主和将领可用阴符进行沟通，内外接应，从而保证通信的可靠性和保密性。当时的阴符共分为八种：我军大获全胜、全歼敌军的阴符，长度为10寸；击破敌军、擒获敌将的阴符，长度为9寸；迫使敌军投降，占领敌人城池的阴符，长度为8

寸；击退敌人，通报战况的阴符，长度为7寸；激励军民坚强御守的阴符，长度为6寸；请求补寄粮草、增加兵力的阴符，长度为5寸；报告军队失败，将领阵亡的阴符，长度为4寸；报告战斗失利，士卒伤亡的阴符，长度为3寸。阴符由君主和将领各执一半以验真假，如果在传递的过程，消息泄露，那么知情的士兵将全部被处死，从而保证消息的保密性与可靠性。

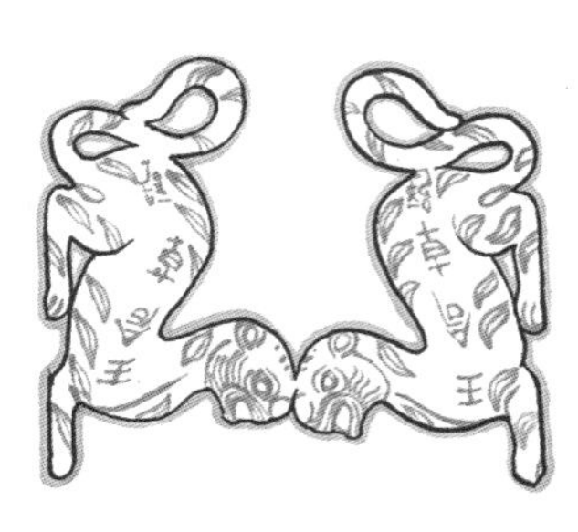

虎符（马镇衍绘）

战国时，秦国派兵围攻赵国的都城邯郸。赵国向魏国求救，魏国派兵前去救赵。魏王屈服于秦国，下令前去救援的将领按兵不动。赵王写信向魏国公子信陵君求救，信陵君曾为魏王的宠妃如姬报过杀父之仇，他便请求如姬从魏王处盗出兵符，从而夺取了兵权，解了邯郸之围。窃符救赵的故事是春秋战国时期的一段佳话，在这场盛大的历史活剧中，“符”扮演了至关重要的角色。根据考古资料和史书记载，春秋战国时期的兵符是一只青铜铸就的30厘米左右的老虎，老虎身上铸满铭文，说明了这只虎符的用处及权威。这只铜老虎在铸造时已沿中间水平方向剖开，合起来是一只老虎，完整无隙。将军受命率军出征时，国王把半片虎符给他，另外半片虎符则留在国君那里。国君如要更换统帅或者传达命令，则令使者或者新的统帅拿着另外半片虎符去军队与原来的合符，合上了，就说明来人确实是秉承王命而来；合不上，则表明来人是冒牌货。在窃符救赵的故事中，正是如姬盗出了魏王的兵符，信陵君才得以夺取兵权，率领几万精兵，帮助赵王解了邯郸之围。

三、阴书“脱颖而出”

“阴符”无文字，无图案，只有前方少数将领和后方指挥人员了解其含义，因此在一段时间内阴符传递信息方面发挥了重要的作用。但阴符的缺陷在于其能传达的信息十分有限，如果战场上有超出过那八个阴符所能代表的情况，那么阴符就形同虚设了。面对阴符的缺点，经过改良发展的又一军事密码技术阴书于是脱颖而出。

相传，阴书也是姜子牙发明的。在战场上，情况复杂，用阴符难以说明问题，且距离遥远、语言不通时，阴书就能发挥作用了。在保证通信联络顺畅的基本条件下，阴书能保证消息的可靠性与秘密性。阴书的具体使用方法就是把一封竖写的秘密文书小字条横截成三段，派出三个信使各掌握一段，分别于不同的时间，以不同的路径出发，先后送到受众那里。只有集齐三段纸条，才能获取秘密文书的全部内容。因此，就算阴书信使在半路上被敌军截获，敌军也很难解读文书的全部内容。

相较于阴符而言，阴书更具有保密性。此外，古人为了密上加密，还在阴书上用“藏头诗”“藏尾诗”“回文诗”“诗谜”“哑谜”“密写”等方法传递信息，这就进一步提高了阴书的保密性。最近热播的电视剧《长安十二时辰》中便涉及不少军事保密技术。在原著中，作者杜撰了一个中央情报机构——靖安司，靖安司中最为亮眼的配置就是提供即时信息反馈的“天网系统”——望楼。为了使影视剧更加真实可信，剧组在原著基础上设计了一整套包含多层加密的通信暗号系统。从望楼传递的信息，经过幕布色彩变化转化为编码，再由相应的书记员持密码本转译后，方可得到准确信息。在剧中，密码使用了一些易学知识，如设计了八卦卦象、八卦数字、六十四卦，还有易学里面的象数思维等。实际上，剧中的密码本就是阴书密写法的创新与运用，进一步加强了公文内容的保密性。

我国古代不仅有传递阴书的技巧，而且从先秦至唐、宋、元、明、清，还有驿站传递制度，即在交通要道设铺兵、铺司、提领、邮长，专门负责传递阴书事宜。凭借其可靠的保密性，阴书代替阴符成为古代战场上的另一种保密方法，这种方式经过历代演变，一直延续到明、清时期仍在使用，并且成了中国古代领先世界的四大间谍发明之一。

站在今天看中国古代的军事安防技术，阴符与阴书或许是粗糙简陋的，但在当时条件下是一种独创，它们凝聚着古代人民的智慧与创新，堪称古代军事安防中的“黑科技”。当今的密码技术早已克服了古代军事安防密码技术中的种种弊端，其形式和安全性都得到了极大的提升。但是，我们需要铭记的是，当代安防技术的发展应该仍应秉承古代安防发展的创新精神，不断推陈出新，打造更多符合社会要求的新产品。

【其他】

从镖局看古人的物流安防

王家伦

最早知道镖局这个机构，是在20世纪七八十年代，当时金庸的武侠小说刚刚闯进我们的生活。那次看《书剑恩仇录》，刚看到第一回，就被一段文字吸引了：

> 正在这时，忽听身后传来一阵“我武——维扬——”“我武——维扬——”的喊声。
>
> 李沅芷甚是奇怪，忙问：“师父，那是甚么？”陆菲青道：“那是镖局里趟子手喊的趟子。每家镖局子的趟子不同，喊出来是通知绿林道和同道朋友。镖局走镖，七分靠交情，三分靠本领，镖头手面宽，交情广，大家买他面子，这镖走出去就顺顺利利。”

从此，笔者就对镖局产生了莫大的兴趣。

一、弄潮儿向潮头立

镖局源于晋商。旧时交通不便，尤其是带着大量财物的商贩客旅，路上极不安全。于是，保护商贩和财物安全的保镖业应运而生，镖局随之成立。

与现代快递业不同，古代镖局押运的镖（货物）是奇珍异宝等贵重物品，而不是普通物件。有关“镖局”这个名称，学界说法不同。就字面来看，“镖”字左“金”右“票”，说明其主要任务是保护金银财宝和银票，或者说是用金属武器保护银票。银票有点像现在的现金支票，其问世使商家避免了携带大量银子出门的烦恼。尽管银票不是现银，但随时可兑换成现银，且没有严格的保密措施，所以，常常成为盗贼抢劫的目标。为了确保被护送财物的安全，镖局大多雇佣武术高手押镖，江湖上称“镖师”。

山西平遥古城的镖局

镖局受人钱财，凭藉武功，保证所托财物安全。当时，某客商（有时甚至是官方）如要将某财物（有时甚至是人）送到某处，就到镖局签订协议。一般来说，运送的费用是该次财物价值的5%；如财物途中被劫或丢失，镖局必须全额赔偿，因此信用是镖局生存的首要条件。

二、没有金刚钻，不揽瓷器活

要不负重托，把客户的东西送到指定地点，镖局就必须有实实在在的“硬件”。

所谓“硬件”，首先指镖局人员的本领。

就如本文开头说到的《书剑恩仇录》中“我武——维扬——”的总镖头王维扬，他武功高强，在江湖中号称“威震河朔”，甚至有“宁碰阎王，莫碰老王”的江湖传言。实际生活中，镖局基本由武艺高强的人员开设，那些总镖头大多威震四方，如“十大镖局”的头面人物就有“神拳无敌张黑五”“三皇炮捶门宋彦超”“铁腿左二把左昌德”“神枪面王王正清”“大刀王五王子斌”等。

镖局还有“趟子手”，这些人嗓门特别大，其任务就是护镖时用特殊的声调报出镖局和总镖头的名号，以引起沿途各色人等的注意，就如本文

开头所引的“我武——维扬——”。

所谓“硬件”，还指镖车、镖旗与镖箱。

镖车，即运输所保财物的车辆，这是镖局的重要交通工具。最常用的镖车是独轮车，虽然这种车子行动时很难控制平衡，但走崎岖不平的山路比较方便。

山西平遥古城的镖车

镖车上必不可少的就是三角形小旗帜——镖旗。镖旗上的字代表总镖头的姓，实际上镖旗就是镖局与总镖头的旗号，对各路强盗起震慑作用。企图劫镖的人听到“趟子手”的呼喊，看到小旗上的字号，就知道是谁保的镖，一般不敢乱劫，因为这些镖师尤其总镖头都是名闻江湖的武林高手，个个身怀绝技，名扬四方。

镖箱是存放所保财物的箱子，大多由榆木疙瘩制作，据说箱子的自重就有七八十斤。锁采用了当时最先进的防盗暗锁，只有分别掌管的两把钥匙拼起来才能打开，起着防贪污的作用。

镖局走镖的另一个硬件就是“鞘”。如果保的是银锭，就需要这种设备。所谓“鞘”，就是贮银的空心木筒。具体来说，就是将一段巨木一剖

山西平遥古城的鞘银

为二，当中凿空，一般可储放银锭 1 000 两。放进银锭后一合，又是一段巨木。

三、三分靠本领，七分靠交情——和为贵

在雇主的眼里，镖师永远是让他们感到安全的靠山。似乎只要镖师在身边，他们的生命财产就安全，买卖生意也会兴旺发达。

其实，这只是外行人对镖局的一种表面认识。《书剑恩仇录》中，陆菲青教训徒弟李沅芷道：“要是你去走镖哪，嘿，这样不上半天就得罪了多少人，本领再大十倍，那也是寸步难行。”显然，镖局护镖是否成功，除了要镖师武功高超外，还要坚持“和为贵”的原则。

其一，“三分保平安”，这是资深镖师的修养，也是镖局的一条重要原则。所谓“三分保平安”，就是带三分笑、让三分理、饮三分酒。如在行车、打尖、住店时，若是与人发生了矛盾，镖师一般面带三分笑，不会以武功压人，也尽量不与别人发生冲突，遇事总是礼让三分，尽量大事化小，小事化了。镖车上路后，镖师就不再喝酒了。隆冬时节，为了御寒暖身，年事高的镖师有时也会喝上两盅，但是以三分酒量为限度，绝不多饮。

其二，不管白道黑道都以礼相待，即使遇到上门挑衅者，也尽量坐而论道、不与人火拼。如此，就多交了一个朋友，实际上就是多了一条生路。

其三，先礼后兵。所谓的“先礼后兵”，就是“不战而屈人之兵”。押镖途中，如果有强人横刀拦截镖车，镖师会先说些江湖话，套套交情，求朋友借条路。一般情况下，大多能化干戈为玉帛，很少有“先礼”之后又动“兵”的。另外，镖局和各路江湖人士的关系十分复杂，礼尚往来在所难免。实际上，从一定意义上说，镖局依赖江湖才能生存。

四、无可奈何花落去

老舍先生有一篇小说《断魂枪》，开头的一段话尤其令人深思：

> 沙子龙的镖局已改成客栈。
>
> 东方的大梦没法子不醒了。炮声压下去马来与印度野林中的虎啸。半醒的人们，揉着眼，祷告着祖先与神灵；不大会儿，失

> 去了国土、自由与主权。门外立着不同面色的人，枪口还热着。他们的长矛毒弩，花蛇斑彩的厚盾，都有什么用呢；连祖先与祖先所信的神明全不灵了啊！龙旗的中国也不再神秘，有了火车呀，穿坟过墓破坏着风水。枣红色多穗的镖旗，绿鲨皮鞘的钢刀，响着串铃的口马，江湖上的智慧与黑话，义气与声名，连沙子龙，他的武艺、事业，都梦似的变成昨夜的。今天是火车、快枪，通商与恐怖。

确实如此，随着火车、汽车、轮船的开通，尤其是现代化银行电汇开通后，依靠镖局运送钱、财、物已成为历史。在这种情况下，北京八大镖局先后关闭，退出了历史舞台。

粮食安防与苏州的几个义仓

王家伦

粮食是治国之本，百姓丰衣足食，历来是国家安定的必要条件；就争夺天而言，“兵马未动，粮草先行”，粮食问题也是重中之重。

一、争夺天下的关键是粮食

秦末，随着陈胜吴广起义，一时间群雄纷起，秦朝统治被推翻。之后，楚汉战争爆发。起先，刘邦据守荥阳、成皋。荥阳西北有座敖山，山上有座小城，是秦时建立的，因为城内有许多专门储存粮食的仓库，被称为敖仓，是当时关东最大的粮仓。战争初期，在项羽猛烈的攻击下，没有后援的刘邦节节败退，一度计划把成皋以东让给项羽。这时候，刘邦手下的郦食其说：“王者以民为天，而民以食为天。”意思就是，我们如果放弃这个巨大的粮仓，就等于把根本拱手让给敌人。郦食其建议刘邦迅速组织兵力固守敖仓，以改变当时不利的局势。刘邦依计行事，终于取得了胜利。这就是著名的“成皋之战”。后来，刘邦逐步反败为胜，终于夺得天下。

三国鼎立之前，中原两股最大的势力是袁绍与曹操。建安五年(200)，袁曹两军在官渡对峙。决战之际，袁绍派大将淳于琼率万余人护送军粮，集中于袁军大营后方 40 里的乌巢。期间，曹操采纳部下计谋，自率 5 000 骑兵，携带柴草，趁夜从小道疾驰，直趋乌巢，并包围袁军营寨，从四面纵火围攻。袁军毫无戒备，所屯积的粮草和车辆全部被焚毁。曹军乘机攻破袁军营寨。最终，曹操取得了官渡之战的胜利，统一了中国的北方。

回顾上面所说的两场战争，刘邦之所以取胜是因为占有了粮食，而袁

绍之所以战败是因为失去了粮食。可见，粮食是决定战争胜负的关键因素。

二、国以民为本，民以食为天

《孟子·寡人之于国也》中，梁惠王曰："寡人之于国也，尽心焉耳矣。河内凶，则移其民于河东，移其粟于河内；河东凶亦然。察邻国之政，无如寡人之用心者。邻国之民不加少，寡人之民不加多，何也?"

以粮食保安定，是任何人都知道的道理。梁惠王是个梦想称霸的君主，他认为称霸的首要条件就是"民加多"，而他的具体措施就是哪里粮食丰收就把百姓移到哪里去。其实，因粮食问题而将百姓迁来迁去并不是治国的好办法。所以，历代统治者在取得胜利后，首先就会考虑储备粮食。储备粮食的主要手段就是建立粮仓，以备不时之需。这种粮仓，有官仓、义仓（社仓）的区别。

官仓基本分布在都城附近，主要供朝廷使用。比如，隋朝定都长安，由于漕运无法直达长安，就在洛阳设立官仓，以保证朝廷的粮食供应与俸禄。当然，也有割据势力在富足之地设置官仓的，如苏州下属的太仓。据地方志记载，春秋时各任吴王、战国时春申君、西汉时吴王刘濞、三国时吴大帝孙权、五代时吴越国钱镠等，其中的多位曾经在太仓地区设立过国家级或诸侯国级的大型储仓，用以存储粮食等重要物资，"太仓"地名因此而来。

义仓一般指各级地方政府设置的粮仓，也指民间为防灾荒而设置的具有社会保障性质的粮仓，所以也称为社仓。义仓的功能就是安防，在于保证社会稳定，避免百姓因为荒年而作乱，实际也就是维持统治。

三、苏州的几处义仓遗址

时至今日，苏州仍保留着几处作为安防设施的义仓的遗迹。

（一）荻溪仓

荻溪仓在苏州市相城区太平镇。太平镇古称荻溪镇，它北面是盛泽湖，东面是阳澄湖，以前为芦荡水乡，"荻"即是芦苇状的植物，镇南有荻溪贯通，因此得名。荻溪仓，是建在荻溪镇上的一座义仓。实际上，这座荻溪仓很久以前就搬到苏州城娄门内了，但当地百姓仍然习惯性地称该处为“荻溪仓”。

如今的荻溪仓，是在旧址修建而成的纪念性建筑。其主体为一座两层的仓库房，这座仓库主要由青砖砌成，但青砖墙上面有叠起来的瓦以及多孔红砖，估计是想象当年库存粮食为通风而特意设置的。

荻溪仓之一

荻溪仓所在地，一度曾为吴县太平粮管所，如今，修复的仓储式砖房的西侧与北侧还留着七个“砖圆仓”。这种粮仓是 20 世纪 70 年代的特产，是每个公社、大队甚至生产队都必须设置，但大部分由稻草拌泥浆构成。

荻溪仓之二

（二）丰备义仓

苏州潘儒巷的最东端靠近平江路的北侧有一条小巷子，被称为“石家角”，石家角 4 号是丰备义仓旧址。

道光十五年（1835）林则徐担任江苏巡抚时，在此处建造了丰备义仓，用以积谷备荒。后同治五年（1866），冯桂芬、潘遵祁又进行了重建。

丰备义仓的仓房建构比较特别，它原有粮仓 220 间，现存 30 余间，总体成“口”字形布局，当中为晒谷场。每间屋子顶上都设有“老虎天窗”，主要用于通风。如今，这些仓房都已改建成了民宅。

丰备义仓

（三）和丰仓

苏州胥门内吉庆街 86 号，曾经是新苏师范学校校址，后来苏州市立达中学创办于此。立达中学搬迁后，这里成了新苏师范附小的新校区。2016 年，在新苏师范附小综合改造过程中发现了和丰仓遗址。在考古发

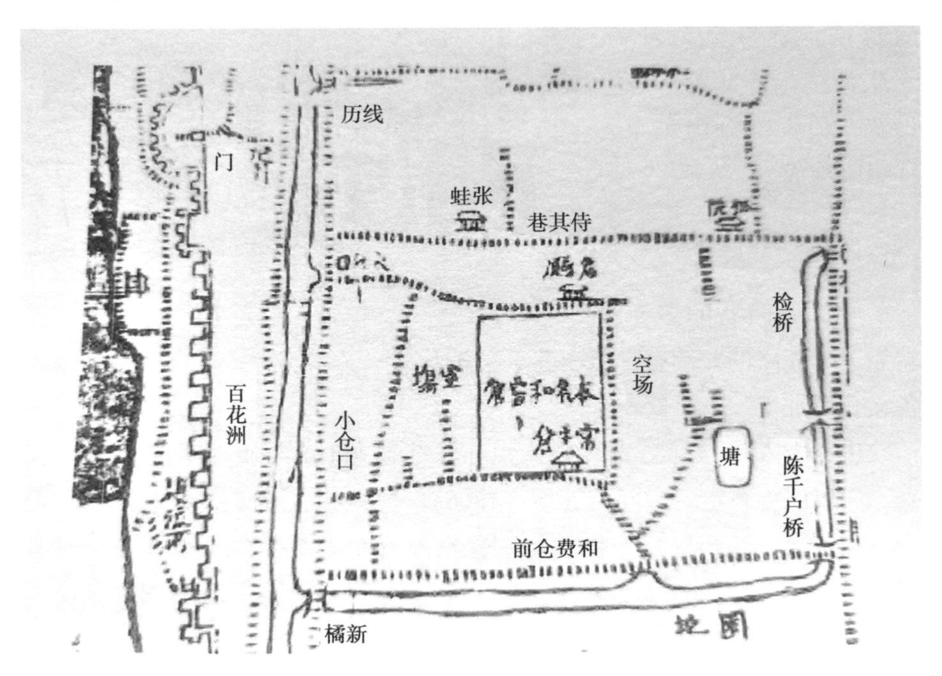

和丰仓遗址

掘现场，可以看到残留的粮仓外墙地基、碎石子路、排水沟等。

据清代冯桂芬《苏州府志》记载，和丰仓始建于明代，是工部右侍郎、江南巡抚周忱和苏州知府况钟主持建造的。“吴县和丰仓，在胥门内百花洲东，四面环河，周围一百五十亩，廒屋三十六连，共四百三十二间……”《苏州府志》所载地图显示，和丰仓北面是侍其巷，南面是新桥巷，东面到东大街，西面是护城河。

和丰仓初为济农仓，后被改为常平仓，都是苏州府设立的地方粮仓。

济农仓是明代苏州、松江、常州地区为储藏赈贷粮而设置的粮仓。当地方上的百姓遭遇灾害、青黄不接时，府、州、县就用济农仓的粮食来救济百姓。来年百姓手中有粮了，再将所借粮食还进仓里，贷多少还多少，不收取利息，相当于今天银行的“无息贷款”。

明崇祯年间，全国推行常平仓制度，当时的江南巡抚张国维就将已经废弃不用的和丰仓改为常平仓。常平仓是明、清朝廷为调节粮价、储粮备荒而设置的粮仓，主要是运用价值规律来调剂粮食供应，起到稳定粮价的作用。在市场粮价低的时候，适当提高粮价进行大量收购；在市场粮价高的时候，适当降低价格进行出售。这一措施，既避免了“谷贱伤农”，又防止了“谷贵伤民”，对平抑粮食价格和维护国家稳定起到了积极作用。

和丰仓在明、清两代四百多年间为苏州地区的经济发展和粮食安全做出了不可磨灭的贡献。后来，太平天国一把大火焚毁了和丰仓，这座气势恢宏的地方粮仓就此湮没在了废墟和荒草中。

中国古代粮仓的安防

陈春华

“粮仓系国脉，民心定乾坤”。历朝历代，粮食问题都是国家的头等大事，粮食问题解决不好，国家就会陷入危机。那么，古人是怎样储粮的？古代的粮仓是如何做好安防工作的呢？

一、战争时期的粮仓安防：防抢防破坏

早在西周时期，人们就已经意识到了仓储的重要性。《礼记·王制》中论述：“国无九年之蓄，曰不足；无六年之蓄，曰急；无三年之蓄，曰国非其国也。”《墨子·七患》也说：“仓无备粟，不可以待凶饥”“备者国之重也”。我国自先秦起，就十分注重修建粮仓，比较著名的粮仓，有西周时的陇东粮仓，秦汉时的敖仓，隋唐时的黎阳仓、洛口仓和含嘉仓，明、清时的北京太仓、北新仓、丰图义仓等。

手中有粮，心里不慌。粮仓的主要作用在于备荒备战。粮食是一个国家实现富国强兵目标的最具决定性的战略物资，关系着国家的存亡。对此，周文王有深刻认识：“有十年之积者王，有五年之积者霸，无一年之积者亡。”

二、建造粮仓的事先考虑：防潮防蛀

战争时期，粮仓安防的主要任务是防止敌方抢夺和破坏。和平时期，粮仓安防的任务除了防火防盗外，主要就是防潮防虫。那么，古代的粮仓是如何做到防潮防虫的呢？这首先要从粮仓的建造说起。古代粮仓的建设是一个复杂而庞大的系统工程，不仅要选择建在干燥的缓坡地上，还要濒临水运通道，以便大规模集中和转运储藏粮食。

丰图义仓正门

始建于1882年的丰图义仓，是中国所存无几的清代大型粮仓之一。它位于陕西省大荔县朝邑镇，仓城巍然屹立于黄河西岸的老崖上，地势险要，建筑格局为城中城结构，分内城和外城。外城坐东朝西，依山就势，夯土筑城，是义仓的第一道防线。内城以仓墙合一的建筑形式构筑，兼具防御和仓储双重功能。垣内周列仓廒58洞，墙内为仓，相隔排列。墙内有砖瓦结构的廊檐，以木柱支撑，相互贯通，形成环形回廊。廊檐既可防雨防潮，也可临时堆储粮食，方便晾晒。仓城坐北向南，东西长133米，南北宽83米，墙宽4米，墙上砌垛口，守卫人员可以在城墙上巡逻。仓城开二门，名东仓门、西仓门。仓房为砖窑式，对粮仓的防火、防盗、防入侵等都有独特作用。每仓进深11米、宽4米、储粮90余吨，全仓共可储粮5 220吨。仓房地面由松木板铺成，离地下40厘米，木板下的墙体四周有4个排气孔，有利于空气流通和排出潮气。

丰图义仓的设计构造简单而科学，其墙顶平面由青砖铺成，采取四周高、中间低的结构，巧妙地将雨水汇于中间部位，再下落到水槽，向院内排去，避免了雨水四散造成积水、渗水或渗蚀墙体。仓院场地也是四周高、中间低，水可以很快集中排出墙外。每至雨天，从仓墙到院内，排水通顺流畅，雨停墙院即干。仓墙厚达1米左右，宽大厚重的砖墙体使仓内一年四季保持在摄氏十七八度的相对恒温状态，符合粮食低温、低湿、低氧“三低”仓储条件的要求。丰图义仓历经百年沧桑，至今一直沿用，墙体院基少有裂缝破损，粮食不易霉变生虫，与其科学的建筑设计与完备的排水系统有直接关系。

丰图义仓内部结构

隋、唐时期的粮仓大多是地下粮仓，如黎阳仓、洛口仓、含嘉仓等皆是如此。地下粮仓是从地下窑发展起来的，自汉代在北方地区开始采用起，到隋、唐时期有了很大发展，形状主要有方仓和圆仓两种。河南洛阳曾发掘过汉代及隋、唐时期的地下方仓及地下圆仓，其中规模最大的是隋、唐时期的含嘉仓。其仓区东西长 612 米，南北宽 750 米，占地面积 45 万平方米，共有地下圆仓 259 个，仓型是口大底小，大的口径达 18 米，小的口径为 8 米，仓深最大为 10 米，最浅为 6 米。杜佑《通典》记载，全仓储粮可达五六百万石（唐朝每石约合 60 千克）。

含嘉仓设计的高明，首先表现为选址在地势较高的地方，这样的地方土质干燥，水位低，有利于储粮。含嘉仓的粮窖都是口大底小的圆缸形。建造过程是先从地面向下挖成土窖，将窖底夯实，用火烧硬，然后铺一层用红烧土碎块和黑灰等拌成的混合物作为防潮层，防潮层上再铺一层木板或木板和草的重叠混合层。粮食装袋后填入窖中，坑满后，再铺上席子，堆糠垫草，最外层用厚厚的黄泥、青泥膏等密封，密封好的粮窖顶端为圆锥形。含嘉仓的粮窖既能防潮防火，又能防鼠防盗。其窖内的谷子可藏 9 年，稻米可藏 5 年。考古发现的 160 号窖内的谷子至今已有 1 300 多年了，颗粒还可辨认。经化验，这些炭化谷粒中的有机物仍占 50.8%。

含嘉仓的粮窖内有许多砖刻铭文，记载着窖穴的位置、编号、粮源、品种、数量、入窖年月等。其结构特点和规模，表明古人在隋、唐时期就已掌握了相当科学的储粮技术。

发掘出的含嘉仓 160 号窖

三、建造粮仓的进一步考虑：防火

明、清时期的粮仓多为地面仓，仓房建设除了注重防潮防虫外，还特别注重防火。皇家粮仓建筑是依严格的营造法式建造的。其最明显的特点就是都要有高大的院墙，粮仓与粮仓之间必须留有很大的防火间距，粮仓的墙壁要用很坚实、很厚的砖砌筑而成。清顺治十八年（1661），皇家制定的粮仓营造法式是："每廒一座计房五间，具系七檩五搭明间，每廒面阔六丈，进深四丈五尺，山墙高两丈一尺，长五丈一尺，檐墙一丈二尺，长六丈，墙根阔七尺，顶阔五尺，又砌造囤基每座周围六丈一尺五寸。"按照这个营造法式建造的粮仓，防火条件甚佳。仓库周围除建有防火墙外，院内还有水井、水缸。仓丁纪律严明，关防甚紧，即使有人放火，也不会发生像电视剧《天下粮仓》那样一场大火烧毁十七座仓廒的场面。

苏州古墓安防措施举隅

岳天懿

中国古代有“视死如生”的传统，墓葬作为人死后躯体的安息之所，在营建与下葬时，不光要顾及防盗，还需要考虑遗体防腐、墓室防潮等一系列问题。不同时期、不同地域的人们，往往有着不同的民俗信仰，丧葬习惯差别很大，安防措施亦各不相同。以下例举几座姑苏古墓，并对其安防措施作简要介绍。

一、真山大墓

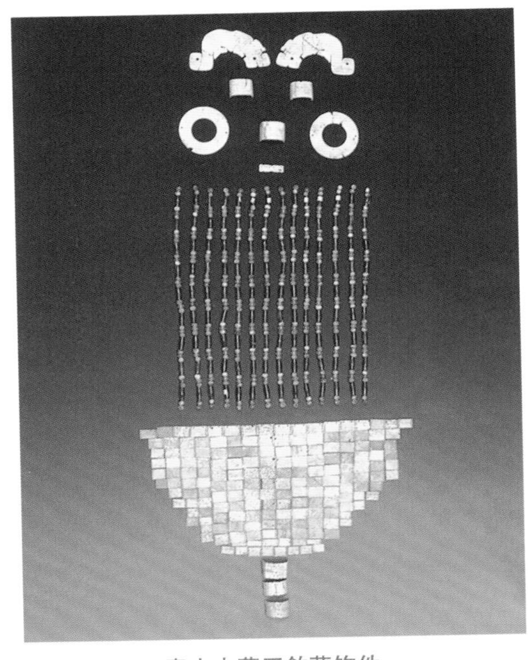

真山大墓玉敛葬饰件

苏州市浒关镇西北有一座真山，有东西并列的大小两座山脉，长六百余米。山顶和山脊上坐落着数十座土墩墓，沉积于地下而不为世人所知。直至1992年，因开山炸石方被发现。

在大真山的最高点有一座大墓，有学者认为，这是春秋时期一位吴国君主的墓。这座墓包括地上和地下两部分。建墓时先从山体基岩向下开凿，形成墓穴，再在地面上堆筑高大的封土。残存的封土台气势恢宏，其顶部东西26米、南北7米；底部东西70米、南北

32 米；墓底至封土顶部的高度超过 8 米，土方量达万余立方米。遗憾的是，该墓早年已被盗掘，墓室破坏严重，随葬的青铜器与墓主尸体均已不存。墓中出土遗物 12 000 多件，其中绝大多数为玉石器，尤以玉敛葬饰件而闻名。墓中所出玉面饰、玉珠襦、玉甲饰和玉阳具饰等，即所谓“葬玉”，是“专门为保存尸体而制造的随葬玉器。

玉与墓葬的安防有何关系呢？在今人看来，玉器似乎只是一种装饰或工艺品，然而古人葬玉，则是寄望以玉裹身，护尸体不腐。在西周至两汉时期，葬玉之风盛行于贵族之中。西周时，葬玉是周王室之风俗，有严格的礼法制度。东周时礼崩乐坏，葬玉使用范围逐渐扩大。真山大墓所见葬玉，不仅继承了中原文化的传统，亦体现出吴文化之特色，与后来金缕玉衣不无关系。“有玉匣者，皆率如生”的愿望固然美好，可惜从诸多考古发现来看，其实并没有起到很好的效果。

二、七子山五代墓

1979 年，苏州市文管会等单位在七子山清理了一座大型砖室墓，发掘者推断，这是唐、宋之交占据江浙的五代吴越国钱氏政权的贵族墓葬。墓上封土高 2. 5 米，地下的墓室全长 14 米，分前、中、后三室，中室两

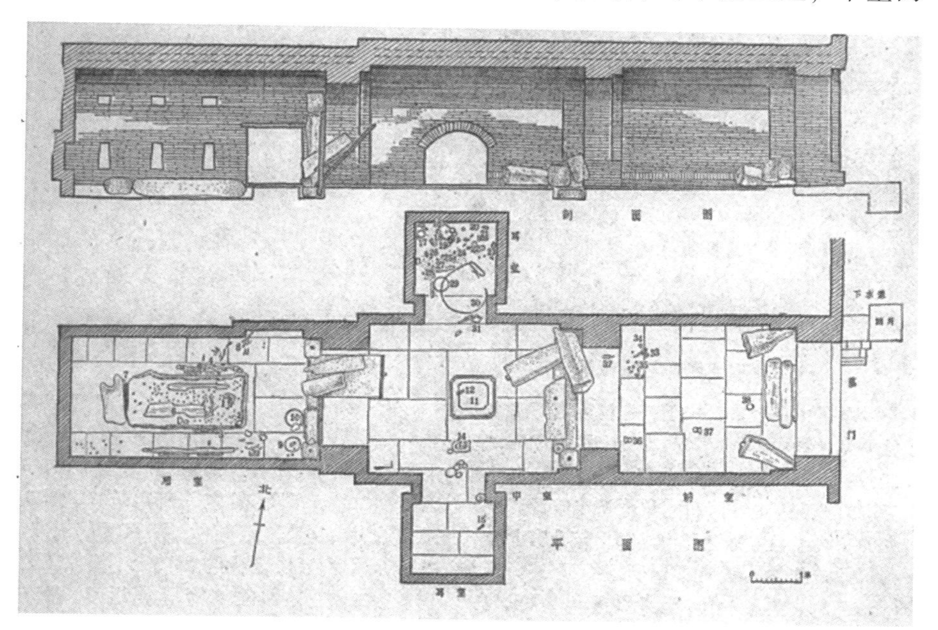

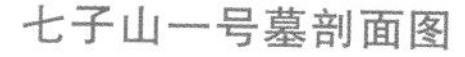
七子山一号墓剖面图

其他

侧还有耳室。在墓室前面有墓门，墓门前有堆土，自上至下均由黄石块填满，其中大者约千斤，墓门门洞内还有封墓门的砖墙。后室前壁设有石门，虽然在门上设置了门枢，但这门却不是用来打开，而是用来封闭墓室的——石门的底下有低于地面的沟槽，门不仅嵌在槽内，后面还有方石顶着。这种封堵墓门出入口的做法也可起到一定的防盗作用。值得一提的是，墓门门洞右下角还有一个小洞，宽约 0.4 米、高 0.3 米，与外面的排水沟相接，是专门留置的排水洞。即便如此有心，在地下水位颇高、土壤潮湿的江南，墓葬仍免不了积水的侵蚀，中室祭台上的铜碗均移动了位置，后室的青石棺床四周亦凹陷成了水沟，墓主遗骨仅存三颗牙齿。

三、张士诚父母合葬墓

张士诚是元朝末年的风云人物，曾一度割据江南一带。其鼎盛时期，势力的一大中心便是苏州。1960 年，盘溪小学扩建校舍时意外发现了张士诚的父母合葬墓。这座墓葬位于盘门外吴门桥附近，其上有封土堆，残高 3.8 米，范围达 210 平方米。封土堆共 4 层，由上至下依次为：厚约 0.64 米的封土、厚约 0.4 米的“三合土浇浆”、十一排石板、1.4～1.9 米的“三合土浇浆”。所谓三合土，一般由石灰、黏土和细砂等混合而成，不仅可用于密封防潮，还十分坚硬，防盗性能佳，是营建墓葬的常用材料。地下墓室的四周，也用“三合土浇浆”、石板、青砖由外及里，护固了五层。最里边的第五层，就有厚达 1.8 米的石灰浇浆，规格极高。考古工作

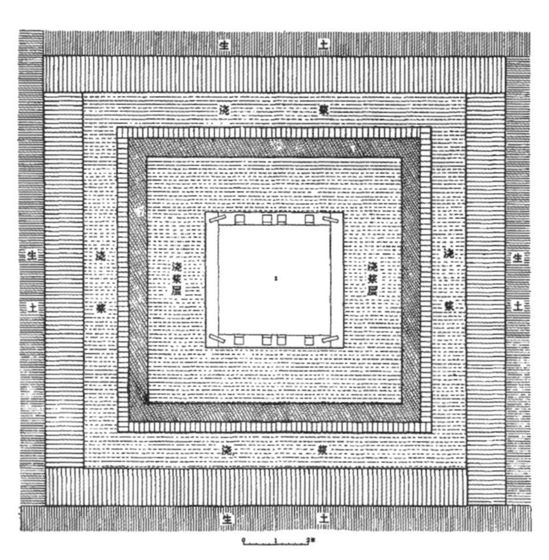

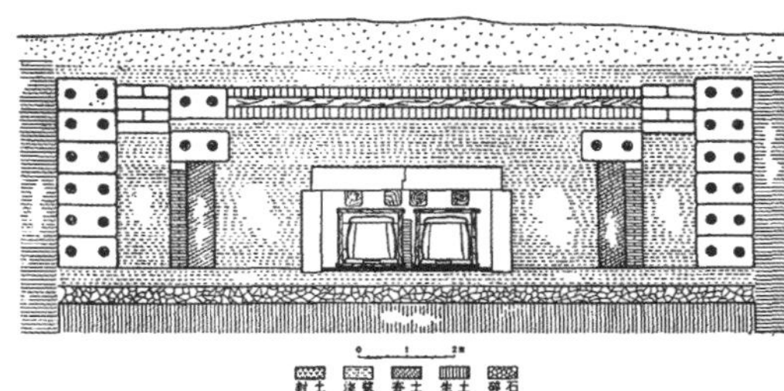

张士诚父母合葬墓剖面图

者在清理时发现这座墓的西北上部有一盗洞，然而，由于墓葬层层封闭严实，盗墓者只打穿了第二层浇浆。得益于墓葬优良的防盗耐水设计，发掘出土的女尸除部分腐烂外，整体保存尚好，肌肤呈白色，墓中的锦缎丝绸与金银器等随葬品也都完整地保存了下来。此墓下葬的第二年，吴王张士诚即为朱元璋所灭。昔人已逝，唯墓尚存。

四、王锡爵夫妇合葬墓

王锡爵是明朝中后期的著名宰相，亦是苏州历史上的名人。历仕嘉靖、隆庆、万历三朝，官至内阁首辅，在历史上留下了浓墨重彩的一笔。其夫妇合葬墓位于老苏州城西约5千米处，在虎丘的西南。文献记载，整个墓地面积达200亩，地面上有大量的祠、碑、石雕。1966年虎丘公社在平整土地时发现，后由苏州市博物馆进行了清理。墓葬为券顶双室砖墓，由双层青砖砌成。墓室四周浇浆45～90厘米，墓顶则有“六层砖浇浆，五层夯土间隔浇封”。圹穴中左右并列着两个墓室，各有楠木木棺一具。左侧的男棺封闭紧密，尸体保存完好，棺内发现大量方形云母片包和水银，古人常以此两种材质防腐。尸体和棺底放置大量木炭，起到防潮的作用。

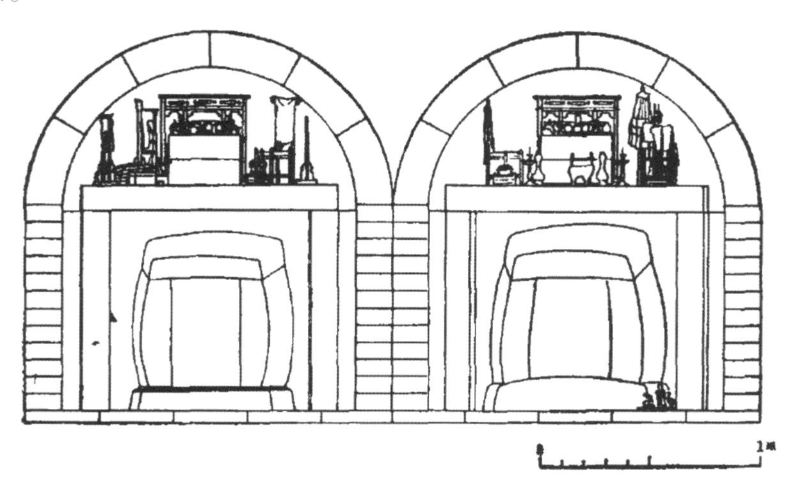

王锡爵夫妇合葬墓墓室立面图

张士诚父母墓与王锡爵夫妇墓中的尸体及随葬品保存都较好，是多方面的原因促成的。一方面，元、明之际墓葬的安防技术已经较为成熟，无论是防盗还是防潮、防腐，都已经有了一些成熟有效的手段；另一方面，

墓葬下葬年代晚，距今不过数百载；再者，墓主的社会身份都很高，当时的普通百姓下葬是绝无这般安防措施的；还有一点十分重要，即他们幸运地躲过了盗掘者的魔爪，避免了被“挫骨扬灰”的悲惨结局，避免了自己挚爱的物件流落天涯、为不同人把玩的命运。

今天，城市快速发展，文物保护法规成了先民们的护身符，一些历史价值重大的古墓（群），只要被核定为文物保护单位，便不会被一般人随意染指；即便这些古墓与今人的生存空间发生了不可调和的矛盾，难以全部留存，也会有专门的部门进行抢救性发掘。在考古工作者对发现的遗迹、遗物进行全面提取、记录、整理与研究后，所有出土文物便会上交国家，成为当代国人及其子孙所共有的文化遗产，在博物馆中得到精细保管，并以合适的方式展示给公众。这便是今人对古人的尊重，亦是墓葬最好的安防措施。

从“消息机关”看古代的安防措施

张长霖

儿时跟着祖父进书场听评书《七侠五义》，听到锦毛鼠白玉堂陷落铜网阵，浑身被乱箭射成刺猬时，不觉毛骨悚然。铜网阵，说书先生称之“消息机关”，其实它离我们并不遥远，如博物馆展品的安防设施，实际上就是古代“消息机关”的升级版。

《三侠五义》

一、何为“消息机关”

“消息”一词，最早出现在《周易》中，乾六爻为息，坤六爻为消。辞书上这样解说：①《易》乾卦主阳，坤卦主阴。阳升则万物滋长，故称息；阴降则万物灭，故称消。②《史记·历书》：“盖黄帝考定星历，建立五行，起消息，正闰馀，於是有天地神祇物类之官，是谓五官。”张守节正义引皇侃曰：“乾者阳，生为息；坤者阴，死为消也。”

这么说吧，“消息”最早的意思实际上是“生死”。

到了后代，“消息”与“机关”联称，意思有所变化。所谓“机关”，是指发动机械装置的机枢。王充《论衡·儒增》中说：“夫刻木为鸢以像鸢形，安能飞而不集乎？既能飞翔，安能至于三日？如审有机关，一飞遂翔，不可复下，则当言遂飞，不当言三日。”《后汉书·张衡传》记载张衡地动仪时指出：“阳嘉元年，……旁行八道，施关发机。”都是这类意思。

再后来，“消息”渐渐成了一种机械结构的统称。如《红楼梦》第四十一回：“原来是西洋机括（就是“机关”），可以开合，不意刘姥姥乱摸之间，其力巧合，便撞开消息，掩过镜子，露出门来。”在各种小说和笔记中出现的诸如滚木礌石、铁滑车、踏板、陷马坑、绊马索、竹签、铁蒺藜、埋弩、硫磺烟、撒石灰、千斤闸、断龙石、绝户套、弯竹套、燃香引爆、迷宫石阵等，都可以称为“消息机关”。于是“消息机关”就成了凶险的安防设施的总称。

二、有关“消息机关”的记载

那么，历史上这种被称为“消息机关”的安防设施到底是不是存在呢？先说两个故事，一是埃及法老墓，也就是金字塔的故事；一是《三国演义》中“八阵图”的故事。

《绣像三国演义》

埃及金字塔，现在被普遍认定为古埃及法老的陵墓，建造时间距今将近5 000年。1922年，英国考古学家霍华德·卡特在图坦卡蒙墓中发现了几处图坦卡蒙的诅咒铭文，有一处写道：“谁扰乱了法老的安眠，死神将张开翅膀降临在他的头上。”还有一处写着：“任何怀有不纯之心进这坟墓的，我要像扼一只鸟儿一样扼住他的脖子。”就在这个最年轻的法老的墓门被打开的同时，神秘的事件真的伴随而来——多人连续死亡。有人猜测是中了不知名的毒气，有人说是中了细如牛毛的毒针，总之就是中了神秘而无法知晓的机关。

有关“八阵图”的故事，是《三国演义》中最神奇的情节，东吴统帅陆逊追击刘备败军，不料在鱼腹浦陷入诸葛亮入川前布置的“八阵图”，迷失其中。如无诸葛亮丈人黄承彦领路，陆逊大军的后果不堪设想。这样的机关太可怕了，难怪多年后唐朝诗圣杜甫还写诗感慨：“功盖三分国，名成八阵图；江流石不转，遗恨失吞吴。”

有人说秦始皇陵真有浩荡如大河的水银，那水银毒气应该也是机关。

我们今天在古墓考古时确实发现过如断龙石之类的机关，那些叫人谈虎色变的诸如弩箭、毒气、陷阱之类倒是不多见。

看来，消息机关确实是存在的，但是否如小说描写的那样可怕而繁复，就很难说了。

三、“消息机关”与“阵”

在传统章回小说里和评书、评话里常常说到“阵”，甚至“摆阵”与“布阵”成为全书的大关节，如《杨家将》中的天门阵和《封神榜》里的诛仙阵、九曲黄河阵。

从小说的叙述来看，这些充满凶险的“阵”实际上就是成系统的消息机关。它们都是防御设施，而不是进攻武器。那么，是不是可以这样看：单一的安防设施可以称为“消息机关”，最简单的形式就是一把锁。一旦消息机关形成系统，就称为“阵”了。如“铜网阵”就是由触发机关、铜网、乱箭、断刃坑这一系列设施组成的消息机关，一旦发动，就成为一部杀人机器。而“八阵图”则是用很多石头堆成的迷宫，一旦误入，会叫人迷失其间。

构筑阵必须要有“法”，既然有法可依，也就有了破解之法。这就是“防”与“攻”的斗智斗勇。

我们今天有相控阵雷达，即相位控制电子扫描阵列雷达，利用大量个别控制的小型天线单元排列成天线阵面，每个天线单元都由独立的移相开关控制，通过控制各天线单元发射的相位，就能合成不同相位波束。相控阵各天线单元发射的电磁波以干涉原理合成一个接近笔直的雷达主瓣，而旁瓣则是各天线单元的不均匀性造成的。这实际上就是“阵”理论在今天安防设施中的应用。

今天比较基础的安防设施就是摄像头，可以记录现场发生的事情，并采取各种后续手段。还有，现在一些敏感部门和居民小区的围墙上往往会

设置激光装置，一旦触发就会自动报警。摄像头和警报系统，形成了今天基本的“消息机关”。但是在这个基础上，如果配有自动激发的杀伤性武器，那就成了恐怖的“消息机关”了。

总体来说，“消息机关”不是一种主动进攻性设施，而是被动防御性设施。而且，“消息机关”应该就是古代发明的安防设施，这种安防思想今天还在延续。

后　记

经过近一年的努力，我们这本《安防文史——探寻古代安防之秘》终于成型了。

“安防文史”（后改称“安防溯源”）是苏州市安防协会旗下《苏州安防》中颇受读者喜爱的一个栏目。正因为如此，在《苏州安防》编辑们的积极建议下，在广大读者的希望要求下，在苏州大学出版社的指导支持下，我们才有了将已经登载的有关文稿结集出版的意愿。

苏州市安防协会会员大会与理事会专门通过决议，一致认为出版《安防文史——探寻古代安防之秘》是协会宣传工作的一项重要工作任务。为此，专门成立了由王坤泉、王家伦、侯星芳、张凝、王立鹏、高伟 为主要成员的编辑筹备工作小组，并特地建立了微信群。从开始设想把《苏州安防》中有关栏目的文章汇总、编集，到本书的成型，微信群在各项具体工作中起了巨大的作用。

2021 年 3 月 24 日，筹备组在协会办公室召开第一次专门会议，初步确定了本书的选材范围，并进行了较为具体的分工，初步安排了时间进度。7 月 22 日，筹备组再度在协会办公室召开会议，对已经初步成型的稿件进行了审议修改，将有关栏目调整为关隘篇、河海篇、城池篇、民宅篇、民俗篇、文化篇、语言篇以及其他 8 个栏目，每个栏目中的文章数量不等。8 月 26 日，筹备组在协会办公室举行了第三次会议，这次会议甚为重要，在听取专业人士意见的基础上，确定了全书规模、版式，并再度审阅稿件，作了一定程度的调整增删；也对前言、后记作了较大的调整。在本书编辑工作基本完成后，筹备组又召开了第四次专门会议，再次对全书进行审核，并做了相应的修改。9 个月来，经多次对文章篇幅进行挑选、审改，多次对有关栏目的名称和设置进行修改和调整，多次对封面设计和插图进行修改和调整，这本书终于可以和读者见面了。

本书共收集了于野、王玉琴、王建军、王家伦、刘晓雪、沙石、张长霖、张玉洁、张志新、张欣然、陈良、陈春华、和苗苗、岳天懿、胡洁、盛维红、谢勤国17位作者的47篇文章，内容涉及古代安防文化的方方面面。就内容而言，虽然其中不少鲜为人知，但还是有不少散见于网络、各类书刊与民间传说中，如果回避这些，基本难以成书。所以，我们这本书中的内容无法完全称为“原创”，但是，其中的每一篇都经过了编写人员的慎重选材、深入思考、认真提炼与精心设计。书中按涉及内容分设栏目中的每篇文章，我们都配置了至少一帧照片或图画，以求达到图文并茂的效果。这些照片、图片，除特别署名者外，都是该文作者与本书编者的作品。当然，有关古人的画像以及少数特殊的内容，只能根据有关资料翻拍了。

为了本书的出版，本书主编、苏州市安防协会秘书长王坤泉先生带领我们多次研讨推敲，苏州市原副市长、市公安局原局长张跃进先生与江苏省作协副主席、苏州市文联主席、苏州大学文学院王尧教授特地为本书作序；另外，著名画家、书法家、篆刻家王立鹏先生特地为本书题签，江苏省美术家协会会员杨�石先生特地为本书的一些文章插图，在此一并表示衷心感谢。

书编好了，但不是句号，而是逗号，恳请大方之家提出宝贵意见。

编　者

2021年12月